U1070186

QIAO PEI LUO QUN
巧配罗裙

于 帆 鹿 萌 主编

主　　编：于 帆 鹿 萌
编委会成员：于 帆 刘 梅 吴玉梅 鹿 萌 陈 刚 郭四海 晏 丽 于富强
王春霞 于凤莲 曹烈英 于国锋 傅卫卫 熊 伟 刘红英 袁建财

北京理工大学出版社
BEIJING INSTITUTE OF TECHNOLOGY PRESS

版权专有 侵权必究

图书在版编目（CIP）数据

巧配罗裙 / 于帆，鹿萌主编. —北京：北京理工大学出版社，2009.1
（时尚俏佳人）
ISBN 978-7-5640-1890-0

I. 巧… II. ①于…②鹿… III. 裙子-服饰美学 IV. TS941.717.8

中国版本图书馆CIP数据核字(2008)第171797号

出版发行 / 北京理工大学出版社
社　　址 / 北京市海淀区中关村南大街5号
邮　　编 / 100081
电　　话 / (010)68914775（办公室）68944990（批销中心）68911084（读者服务部）
网　　址 / http://www.bitpress.com.cn
经　　销 / 全国各地新华书店
印　　刷 / 北京凌奇印刷有限责任公司
开　　本 / 889毫米×1194毫米　1/20
印　　张 / 7
字　　数 / 180 千字
版　　次 / 2009年1月第1版　2009年1月第1次印刷
印　　数 / 1～6000册
定　　价 / 27.80元

责任校对 / 申玉琴
责任印制 / 周瑞红

图书出现印装质量问题，本社负责调换

前 言

俗话说，三分长相，七分打扮。即使长相很普通的人，只要懂得穿衣打扮，一样能够出落得美丽大方。真正的时尚达人深谙穿衣之道，他们明白，在美丽的世界里没有最好，只有更好，想要收获得更多，就必须付出得更多。对于那些天生懂得穿衣打扮的女人，好比拥有了七分长相，再加上七分打扮，就可以获得 120% 的收获，这岂不是一件天大的美事？

女人要想获得 120% 的美丽收获，就不能忽视裙子的重要性。裙子不仅能够突出女人的曼妙身材，还能展现出女人独特的品位与魅力。本书的宗旨就是为那些喜爱裙装的女性提供最简单、最实用的穿衣技巧，不仅介绍了针对裙子的色彩、款式、图案的搭配原则，还从个人的气质、身材、穿裙子的场合以及与鞋袜搭配等方面出发，通过详细的讲解和必要的实例，将新颖不乏独到的搭配经验详细地传授给迫切想改变自己的女性。同时，也希望此书能够帮助更多的女性穿出自己的个性与风采，让每一个人都成为最好的时尚弄潮儿。

现在，你是否愿意“玩”一场脱胎换骨的游戏，跳进这个时尚的大潮中？如果你已经做好彻底改变自己的准备，那么就来分享这本书带给你的每一个搭配技巧，然后通过自己不断的努力与“实践”，来实现自己变为人中仙女的梦想。

目录

1 无色不欢：裙装色彩搭配魔法术

在这个五彩缤纷的世界里，色彩是丰富人们生活的重要元素，单一的颜色看起来简单、纯净，不过却有些呆板；将不同的色彩搭配，能够产生神奇的效果。作为色彩搭配魔术师的你，只要学会配色，就能令裙装焕发出梦幻风采。不同颜色能够搭配出不同的效果，不同的效果又会散发出不同的气质，或另类，或温婉，或可爱，或大方，在这个五彩的“调色盘”中，你就是最美丽的彩虹精灵！

服饰色彩搭配原则

走在大街上，对于相同的服饰，人们有时候会觉得看起来很舒服，有时候又会觉得看起来很刺眼，没有任何美感可言。为什么款式、材质相同的服饰会产生如此大的反效果呢？其实这些都是颜色在“作祟”，不同的色彩搭配能够产生不同的效果，给整体形象带来不同的影响。如果不讲究服饰的色彩搭配，只凭着个人喜好胡穿乱搭，即使拥有精美的衣服和傲人的身材，也很难穿出风采来。

色彩是人们对服装的第一印象，因此服饰搭配的重点是色彩的搭配，恰到好处地运用色彩，不仅能够掩饰身材的缺憾，还能够突出自身的优势。例如，身材高大丰满的女性穿裙子时应当搭配深色上衣，以此削弱上身的丰满度；大腿较为粗壮的女性，宜选用深色轻软面料的裙子。由此可见，服饰的色彩搭配对于女性来说就像是一把万能的钥匙，总能够开启通向美丽的大门。

搭配原则一：

分块对比搭配。这种搭配主要利用几何的条纹、格子或者不规则的方块进行色彩对比，通常底色都较浅，图案的颜色却异常鲜艳，每个图案的色彩进行对比、调和，不仅能够使人产生艺术的美感，还能避免色彩分布的凌乱，真正发挥乱中有序的作用。

搭配方案：

黑色圆点＋黄色底色＋白色的长条

搭配原则二：

端庄统一搭配。这种搭配方式较为简单，是将同一种颜色自始至终贯穿全身，颜色虽然比较单调，却是最保险的搭配方式，对于初学者而言不易搭配出错，而且如果选对颜色，同样能够穿出大气。

搭配方案：

方案一：白色衬衫＋白色裙子＋棕色皮带

“一身白”服饰中最为常见的组合，白色衬衫搭配白裙子能够使全身颜色得到统一，不过却显得有些单调。为了避免这种单调，不妨在腰间系一条棕色皮带，这样做的目的很简单，不仅勾勒出良好的曲线，更能衬托出女性干练、简洁的作风，让整个人看起来更加精神。

方案二：黑色裙子＋白色领结＋浅豆沙色大衣

搭配原则三：

强烈对比衬托搭配。这种搭配是指完全不在同一色系的颜色相配，如黄色与紫色、玫瑰红与黑色，利用这种强烈的色彩

□黄色与黑色的搭配，显得典雅高贵但不够明亮，因此需要白色条块的加入才能够提亮整体形象。裙子用色彩交错的条块配合高腰的款式，将身形从视觉上向上延伸，很适合个子娇小的女性穿着。

对比能够在视觉上产生一定的冲击力，并通过衬托的手法显示主色调，从而起到深浅相衬的作用。

在日常生活中，黑、白、灰这三种颜色是百搭色，与任何一种颜色搭配都相得益彰，不过同一种颜色分别与这三种颜色搭配却会产生不同的效果。如橙色与白色搭配，会显得比较明亮，与黑色搭配却显得比较暗陈，所以在搭配之前应当事先考虑周全，自己到底想要达到什么效果，然后以一种主色为基础色，再选择一到两种颜色作为辅色，使整个服饰的色彩主次分明，取得和谐的效果。

搭配方案：

玫瑰红针织衫＋深蓝色牛仔裙＋黑色纱巾

搭配原则四：

点缀缓冲搭配。有的颜色虽然很容易穿出效果，不过颜色过于鲜艳，很难搭配得当，将同一色系而且明度接近的色彩搭配起来，如深红与玫瑰红、墨绿与浅绿，橘红色与黄色，就能够将过于鲜艳的色彩冲淡，产生一种和谐、自然的色彩美。此外，也可以在大面积运用鲜艳色彩的同时，加入一点其他颜色的点缀，例如，一套红色的裙子可以用黑色的纽扣作为点缀，一件黑色的裙子用几缕金线勾边，使之得到缓冲，将颜色冲淡，同样能取得协调的效果。

应当注意的是，点缀色只要不超过一定的面积，就不会改变服装的整体色彩，如果点缀的色彩达到一定的饱和后，就会取代主

□黑色的裙子虽然显瘦，但无过渡色彩使身材缺少玲珑曲线，白色腰带的运用，冲淡了黑色的浓重，与白色领结一同为全身营造出活泼的感觉。浅豆沙色的大衣同样起到过渡的作用，巧妙地掩饰了黑与白的突兀。

□娇媚的玫瑰针织衫体现女性热烈奔放的性格，中性风格的蓝色牛仔裙能中和玫瑰色，适于甜美、但给人感觉活泼有余、沉稳不足的女性，衣领处系的黑色纱巾又让人多了一丝端庄，更加突出个性。

□玫瑰红裙子在白色衬衫的衬托下，中和了其夺目抢眼之感，白色衬衫与腰间的白色腰带遥相呼应，使整体色彩的过渡更为连贯。漆皮材质的腰带设计又提亮了玫瑰红的明度，整体形象艳丽但不失活泼。

色的位置，失去了点缀的目的。

搭配方案：

玫瑰红套裙 + 白色腰带 + 白色衬衫

搭配原则五：

呼应协调搭配。这种搭配，全身只有两到三种颜色，这几种颜色却被均衡地运用在全身上下的服饰中，如上衣是白底蓝花，下装是白色裙子，配上蓝色帽子、白色手袋和皮带，这种蓝、白上下呼应，便能产生整体协调的快感。

搭配方案：

黑色连衣裙黑色皮靴 + 白色娃娃衫

搭配原则六：

衔接贯通搭配。这种搭配方法是，在上下身的两种颜色互为补色，且色彩对比强烈时，中间适当添加白色、黑色、灰色或者金色，使上下色彩得到衔接，对比逐渐过渡，从而取得协调的效果，颜色看起来也不那么刺眼。

搭配方案：

淡黄色压褶衬衫 + 紫色绸缎裙 + 白色腰带

□黑色亮皮长靴透出军人式的干练与英气，略短的黑色连衣裙与靴子形成呼应；可爱的娃娃衫冲淡了中性的装扮风格，袖口处的蝴蝶结中和了白色的突兀，与乳白色的帽子和珍珠项链一同营造出可爱温婉的邻家女孩形象。

Tips

什么是互补色？

许多女性在搭配衣服时，常常对服装的色彩把握不好，与其选择多而杂的色彩，不如选择最简单的单色。不过，即使是最简单的单色服装，也要遵循一定的搭配原则，互补色就是单色系服装最好的“指导老师”。

红色、黄色和蓝色被称为色彩的三原色，这三种颜色是任何色彩都不能调配出来的。用两种原色可以调出间色，如黄色加上红色，就可以调出橙色；红色加上蓝色，可以调出紫色；黄色加上蓝色，得出的是绿色。绿色、紫色、橙色就是间色，而构成此间色的两原色之外的那个原色就是间色的补色。

以上面的色彩为例，紫色是由红色和蓝色调和而成，因此它的互补色就是黄色；橙色是由黄色和红色调和而成，它的互补色就是蓝色。补色并列时，会引起强烈对比的色觉，会使紫色更紫，黄色更黄，搭配效果十分醒目。

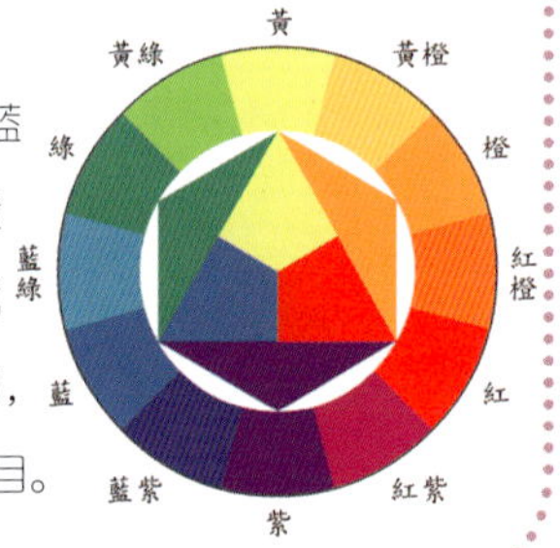

□压褶的衬衫看起来十分修身，绸缎裙子更增加层次感；明快鲜亮的浅黄色衬衫搭配典雅沉稳的紫色裙子，两种互补色能够产生醒目、鲜明的色彩对比效果，再加上一条白色的细腰带，给人协调的视觉感受。

端庄稳重的深色系搭配

深色系服装总是与典雅、端庄、稳重联系在一起，深沉的调子，含蓄的姿态，令许多女性与深色系结下了不解情缘。

尤其对于体态丰腴的女子来说，深色系更是她们的最佳“伴侣”。深色系能将光线吸收，从而在视觉上具有收缩的效果，身上多余的部分在深色系服装的衬托下，更是仿佛隐形一般，让你摸得到却看不见。

1. 黑色——愈黑愈美丽

黑色是女性的“最佳良友”，不管什么体型的人穿上黑色裙子都显瘦，而且绝对不会出错，这也正是黑色被称为“百搭色”、“保险色”的原因之一。

配色指南 ：

典雅的黑色与任何颜色都非常合拍，一直走在时尚的潮流中央，不管是颜色艳丽的大红、奢华的墨绿色，又或者是纯洁的白色，黑色都不会与其冲突，更不用担心穿出反效果，对于对颜色不甚敏感的女性来说，以黑色裙子为主色，上身搭配各种衬衫或者小衫，不用多费心思就能够穿得出彩。

不过，黑色与过于柔和的色彩并列，反而会失去个性，瘦身的效果也不明显。一些中间色，如粉红色、淡绿色、淡蓝色等搭配并不容易出彩。

此外，由于黑色本身的调子就比较暗，再搭配一些“沉着色”，如深褐色、深紫色，就会出现与黑色“抢色”的后果，令整套服装的色彩没有重点，还会令服装的色调过于昏暗沉重。因此，在穿着黑色裙子时，不妨搭配色调比较亮的饰品以及具有对比色的外套，如金黄色的围巾、红色的手镯、乳白色的珍珠项链，以及橘红色、黄色、白色的外套，以缓和黑色的单调感。

黑色的穿衣哲学

黑色穿着不当，很容易给人留下冷漠、执著、防御过度的印象，所以在选择黑色的裙子时应当注意裙子的款式、质感以及风格。

黑色较低调，如果想在众人面前树立权威或者表现出自己专业的一面，选择黑色裙子能够达到上述目的。

在设计上，黑色裙子的线条和轮廓应尽量简单，才能突出造型的特点，太过复杂的剪裁会模糊视线，不容易穿出效果。

□一身黑色的搭配容易产生沉重感，金属腰带与豹纹的衣袖打破了全黑的单调，坠有金属链的皮包散发着女人味。选择比较短的裙子能够让裙摆在大衣的遮盖下露出一点，给黑色的装束增加一些层次感。

黑色搭配方案：

方案一：黑色连衣裙 + 金色豹纹衫

方案二：黑色 V 领连衣裙 + 黑色项链

黑色能够给人一种神秘气质，当你决定抛弃了色彩浓烈与满眼妖娆后，返璞归真的黑色就是最好的选择。一件性感的 V 字领连衣裙能够打破深色的保守，带来些许新意。从上而下的蓬松的裙摆又将美腿的线条拉伸。如果想要使肌肤显得更雪白，一条黑色的项链必不可少，它能与黑色的连衣裙一同展现出女性的魅力。

方案三：黑色裙子 + 浅红色玫瑰花

黑色的连衣裙显得有些严肃，不过将胸口设计成俏皮可爱的肚兜领设计就能够使女性显得十分俏丽。此外，为了让黑色不至于使整体色调太过沉闷，不妨在腰间佩戴一朵浅红色的玫瑰花饰物，它能够打破黑色“一统天下”的局面。

2. 咖啡色——醇香“肆”溢

充满浓郁香气的咖啡色能够让女性不受季节的约束，尽情搭配各种造型，它在视觉上没有其他深色系颜色的压迫感，端庄又不沉闷，妩媚但不张扬，成熟又不显老气，优雅却不显稚嫩。咖啡色似乎没有强烈的立场，能够以温吞如水的方式，与不同色系的服装达到完美的和谐统一，犹如乐队中的大提琴，偶尔拉出的声音能令整个曲子荡气回肠，绕梁三日。

咖啡色的裙子是每个女性衣橱里不可缺少的单品，从深棕色、浅咖啡到甜美的焦糖色系，不论是职业装、休闲裙抑或是晚礼服都能溢出复古、优雅的浓浓暖意，令色彩在裙裾间流光四溢。

配色指南：

与黑色一样，咖啡色也可以算得上是一种“百搭”色，也是深受职业女性喜爱的一种颜色。

咖啡色与黑色搭配能够打破黑色的沉闷，既表现出女性成熟稳重的一面，又不会显得老气横秋，加上灰色、白色等填补色，

更可以发挥其光彩夺目的特点；

咖啡色与白色、浅咖啡色搭配，厚重又不失灵动，犹如一杯加了牛奶的咖啡，调和成一种柔和的颜色，衬托出女性活泼、高雅、宁静的气质，最适合新人初入职场时搭配穿着。

想要穿出时尚与休闲，还可以将咖啡色与米色、粉色、鹅黄、砖红、蓝绿色、蓝色等靓丽的颜色搭配，能够打破深色系原有的沉闷感，将普普通通的咖啡色搭配出时尚。

咖啡色的穿衣哲学

咖啡色是低亮度的颜色，给人以亲切、友善的印象，所以在参加商务会谈、募捐、调查问卷、汇报工作时可以搭配咖啡色的服饰。平日上班如果不想引人注目，咖啡色系也是很好的选择。

咖啡色搭配方案：

方案一：咖啡色娃娃裙＋白色高领小衫

方案二：咖啡色薄纱裙＋蓝色背心

方案三：咖啡色薄纱裙＋黄色短袖T恤＋黑色袜裤

咖啡色的薄纱裙没有黑色裙子那般沉闷，能够使女性穿着之后双腿若隐若现，又不会太暴露。为了增加女性的甜美，不妨再搭配一件柠檬黄的短袖T恤，最好T恤上有大的夸张的图案，使咖啡裙不显得老气。

柠檬黄色的短袖T恤翻出两片可爱的半圆领，刚好及臀的长度扭动着娇美的腰肢，衬衫上的卡通图案诉说着女孩子的天真与烂漫，咖啡色的薄纱裙彰显出少女的美丽蜕变。如果担心轻盈的薄纱会泄漏双腿的秘密，一双弹性十足的袜裤可以帮你在秋天留下美丽的回忆。

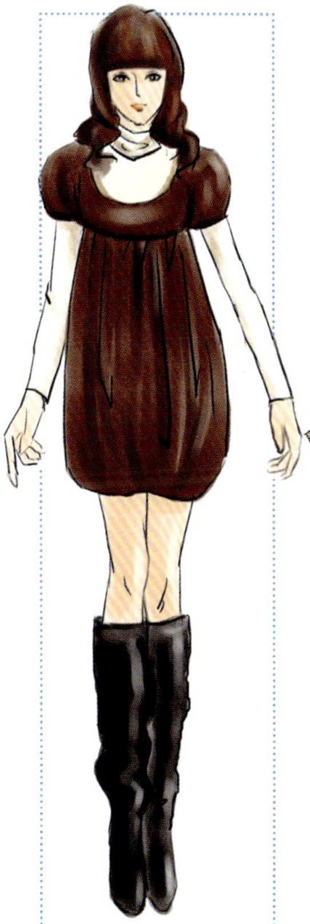

□咖啡色虽然也是深色系列，在整体搭配中却格外出众，胸前压的褶皱使咖啡色的短裙多了一点灵动，包腿的裙摆设计又增添了可爱之感；裙子里衬一件白色高领小衫，突出优美的脖颈曲线。

□犹如花朵一样的裙摆微微绽放，透明的薄纱裙边就是娇嫩的花朵，在剪裁合身的蓝色背心下，含蓄优雅，体现出少女特有的曲线。蓝色与咖啡色的结合透出自然清新的气息，是休闲逛街时的首选搭配。

3．灰色——不走寻常路

将色彩盘打翻会调出什么颜色？不是黑色，也不是其他什么色，而是最有包容心的灰色。灰色不动声色，但并不冷漠，它只是拥有一笑了之的大度，不管什么颜色与之亲近都不会产生敌意，而是与之融为一体，这就是灰色作为“中间色”的一个特点，也是它能够经久不衰的重要原因之一。

灰色和咖啡色有些相似，但更具有弹性。灰色比咖啡色、黑色隐蔽一些，朦胧一些，低调一些；虽然不像黑色那么冲，也不似咖啡般醇香，但淡如水的色彩中流淌的是更具有爆发力的潜在力量。

配色指南：

灰色就像是一个多面女郎，让人永远无法预测下一步会发生什么，它与各种色彩的组合犹如在美丽画纸上涂抹的笔墨，洇透了如花的人生。与过去一味的灰、白、黑搭配相比，如今的灰色加入了“明媚一派”的队伍，与各种高饱和度色彩或者闪亮的金属色搭配，呈现出或耀眼跳跃、或含蓄内敛，或清纯脱俗，或中性独特的风格，展现出女人多面的魅力。

灰色与红色搭配，明暗的色调组合让人愉悦，耀眼的红色让灰色更年轻，沉稳的灰色令红色多了几分内涵。

灰色搭配金黄色等亮度较高的颜色会显得富丽堂皇、鲜艳夺目。如果想含蓄一些，不妨将金黄色用在小饰物上，如胸针、项链、围巾等，小面积的搭配反而更出效果。

灰色搭配浅蓝色会使宁静的浅蓝色在灰色的模糊中被衬托得更加生动、柔和，勾画出一个干练、睿智又不失柔情的职业女性形象，在日常工作和生活中很容易使人产生好感，从而拉近与人的距离。

灰色还可以与银灰色、铁灰色、紫灰色、蓝灰色、绿灰色等掺杂了少许灰色的颜色搭配，这种搭配既有色彩对比，又有深浅纵横，能够达到丰富层次感的效果。

灰色搭配没有什么禁忌，但应当结合自身条件选择服装，以免出现“服装出色，但与人不搭”的尴尬局面。

灰色的穿衣哲学

灰色有时会给人以我行我素、独来独往、高傲冷淡的感觉，想要建立良好的人际圈子，就应当避免穿着纯灰色且质感较差的裙子，如果那样不仅给人以拒人千里之外的感觉，还会使你看起来萎靡不振、邋里邋遢。

银灰色、深灰色、铁灰色等非常适合从事金融行业的女性，无论是面试、参加商务会谈，还是拜访客户，穿着灰色的裙装能够给人留下诚恳、沉稳、睿智的印象。

灰色搭配方案：

方案一：灰色铅笔裙＋深蓝色外套

灰色的铅笔裙最适合与深蓝色的外套搭配，裙子上不必有任何图案，简单的面料就能够使女性穿出自信与睿智。不过，如果想要突出自身的优雅气质，不妨再搭配一双尖尖鞋，尖头鞋能够使裙子能散发出自然的成熟韵味。

方案二：灰色褶裙＋浅蓝色紧身洋装＋酒红色衬衫

蓝色紧身洋装搭配灰色褶裙是比较保守的组合，为了穿出与众不同的个性，不妨再搭配一件酒红色衬衫和菱格纹及膝袜，这种搭配方法能够使整体色调在瞬间变得明快跳跃。

方案三：灰色套裙＋红色项链（手镯）＋黑色皮鞋（手袋）

4. 墨绿色——生命中的妖娆

口红色鲜艳而又夺目，是许多女孩向往但又不敢尝试的颜色，如果不敢大面积的运用，不妨作为小细节的点缀。大面积的浅灰色素雅精致，更显出发带、项链与手镯的艳丽。为了避免头重脚轻，用黑色的皮鞋和皮包来调节色彩均衡，是个不错的选择。

明快的明黄鲜绿已经不再是女性的最爱，过于鲜亮的颜色在大放异彩的同时，也因为太过于直白而失去了原有的魅力，因此在亮色偃旗息鼓的季节，墨绿色转而成为时尚达人的新宠。

墨绿色虽然身处深色系，但它并非完全走黑色的“沉闷”路线，作为生命的象征，墨绿色以其低调与奢华，徘徊在鲜丽与暗沉之间。与浅绿色相比，墨绿色更加含蓄，它懂得如何收放自如才能更好地衬托出女性的美丽。

配色指南：

由于墨绿色有其鲜丽的一面，因此与同属于深色系的颜色搭配，很容易出效果。

墨绿色与黑色、深紫色、咖啡色搭配，华贵又不失新颖，具有浓浓的怀旧情感。

墨绿色与银灰色搭配，沉稳的墨绿色在轻快的灰色调和下，能够使女性显得成熟、性感，还能够将皮肤映衬得自然、健康。

墨绿色搭配暗红色，避开了大红大绿的鲜艳俗气，笔锋一转，用低暗调子重新演绎红与绿的原始含义。这种搭配极具异域风情，不过二者的颜色应当有主有次，所占的面积不宜相同，也就是墨绿色多了，就要相应减少暗红色的比例，反之亦然。

墨绿色搭配浅色系也能产生不错的效果，年轻的女孩可以选择米色、浅粉色、白色、灰蓝色、浅紫色、杏黄色等。

墨绿色的穿衣哲学

墨绿色给人以沉稳的感觉，在生活与工作中能够给人留下诚实、可靠、可信的印象，不过墨绿色容易显得被动，大面积地采用墨绿色还会产生没有创意的感觉，如果是从事

□高腰的吊带纱裙风情万种，胸前的米色大蝴蝶结和腰上的珠链腰带，将原本没有轮廓的裙子勾勒出腰身，在裙角的飘荡中美腿若隐若现，如果再搭配精致的化妆，更能挑起旁人心中的美丽情愫。

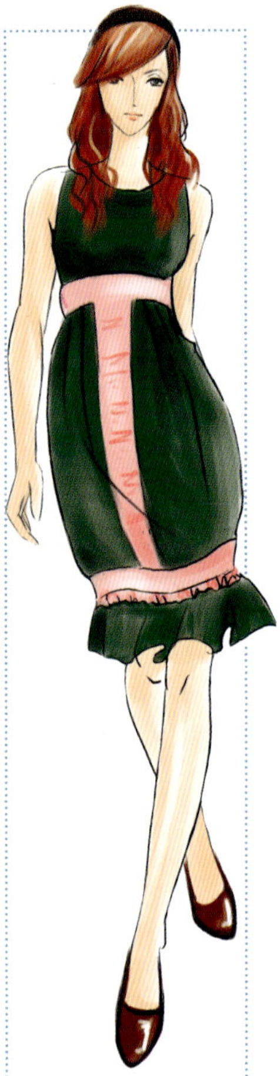

□粉红色的饰带在塑造身形的同时，调和了墨绿色的沉稳，并衬托出裙子的光泽与亮度；纵横交错的线条在裙子上勾勒出几何图案，新颖、摩登，为保守的连衣裙注入了时尚元素。

合作性工作，更易失去参与感，所以在搭配时需要与其他颜色进行调和。

墨绿色搭配方案：

方案一：墨绿色吊带纱裙 + 米色蝴蝶结 + 珠链腰带

方案二：墨绿色短裙 + 玫瑰红上衣 + 黑色腰带

墨绿色的短裙帅气又内敛，与玫瑰红上衣搭配能够起到互相中和的作用。玫瑰红上衣可以使短裙显得更加娇艳，而墨绿色的短裙又能够减弱上衣的夺目之感，再系上一条黑色腰带还可以让两种颜色更加自然地衔接在一起，使整体形象更加饱满、立体。

方案三：墨绿色连衣裙 + 粉红色饰带

方案四：墨绿色连衣裙 + 银灰色腰带

沉稳的墨绿色连衣裙显得十分端庄典雅，但活泼不足。因此不妨选择一件剪裁合体、款式新潮的露背装，使墨绿色发挥出不一般的魅力。除此之外，为了减少裙子颜色的单一感，还可以系一条银色的腰带，银质的腰带能够为连衣裙增添品质与分量感。

引人注目的浅色系搭配

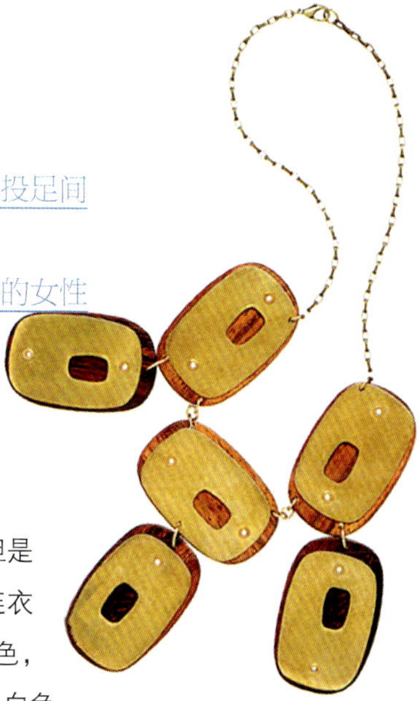

浅色因为其“浅”而容易吸引人的目光，柔和的色彩，素净典雅的气质，举手投足间的优雅，将浅色系服装渲染得更加迷人。

不过浅色系能够增加体积感，搭配不当很容易让人挑出不足，尤其是身材丰腴的女性更应当慎重穿着浅色系服装，以免更加突出自身的缺陷。但对于纤瘦的女性来说，穿浅色的服装却能够让过于消瘦的部位更加丰满，使身体玲珑有致。

1．白色——纯洁与坚贞

白色是纯洁与坚贞的象征，给人以宁静、素雅的感觉，有哪一个女孩不曾梦想过自己穿着一身白色的连衣裙莲步轻移在炎热的夏季？打开衣橱，不论有多少件色彩艳丽的裙子，一件白色的连衣裙是永远不能缺少的。

清爽宜人的白色连衣裙是夏天最好的“伴侣”，在炎热的夏天穿一身白色的服装，比深色服装更加清爽，而且也更能衬托出女性高贵的气质。

白色没有强烈的个性，但是作为“绿叶”却能将“红花”的娇美完全衬托出来，许多鲜艳的颜色与黑色搭配都显得比较暗沉，但与白色搭配却能显得更加明亮。

配色指南：

白色虽然也是百搭色的一种，但是选择白色作为唯一的色彩，如白色连衣裙、白色套裙，甚至饰物也选择白色，是达不到应有的美感的，所以应当将白色与其他色彩搭配才能突出白色的优势。

白色与鲜艳的颜色搭配是很协调的，比如粉红色、苹果绿、鲜紫色、宝蓝色以及其他鲜艳的色彩。这些颜色具有艳丽、醒目的共性，相比与其他鲜艳颜色或者深色搭配白色更容易突出特色，白色能够中和鲜艳颜色的夺目之感，能为整体的美感增添几分雅致与柔和。一般来说，在强烈的颜色对比下，白色所占的面积越大，色彩看起来就会越柔和。

白色与深色搭配也是一个不错的选择，如黑白搭配就是色彩组合中的经典搭配方案，此外，白色还可以与咖啡色、深紫色、墨绿色搭配同样能反衬出白色的高贵典雅。

不过，并不是说一身白色就是错误的搭配，将颜色的搭配重点放在配件或者饰品上，如深色的皮包、木质的项链坠饰品、闪亮的耳环、鲜艳的高跟鞋等，能够充分展示白色的个性之美，使人显得格外年轻活泼。全白的方案也很适合丰满的女性，虽然白色能产生膨胀的视觉效果，但一身白色的装束却能使人显得苗条，身材丰腴的女性不妨将白色套装或者连衣裙作为自己服饰搭配的一个小技巧。

口乳白色与白色的搭配，减弱了白色的单一性，塔裙的设计增加了白色的层次性；黑色的宽腰带不仅勾勒出腰线，而且在白色衣裙的衬托下显得格外帅气。

口贴身的露肩装性感迷人，胸前的褶皱设计起到突出胸部的作用，但其与白色薄纱短裙搭配，性感中又透出不谙世事的纯真。黑色袜裤起到了平衡的作用，可以避免搭配的头重脚轻。

白色的穿衣哲学

裙子的白色面积太大，会给人冷漠、不现实的感觉，在选择白色服装时应当多注意裙子的款式和质地，尽量减弱白色给人造成的这种感觉。

白色与深色相比，不会给人以压迫感，适合职场的女性穿着，一件深色或者彩色的衬衫，搭配一身白色套装，能够让人产生信任感，显得做事干净利落。

穿白色服装时，尽量不要披散长发，最好梳理起来或者将头发打出层次，一般来说俏丽的短发搭配白色是最清爽的组合。

穿白色服装夜晚访客时，化装应当稍淡些，以免在强烈的灯光下浓妆与白色裙子形成强烈的对比，反而不美。

白色搭配方案：

方案一：白色、乳白色相交的裙装+黑色宽腰带

方案二：白色及膝裙+灰紫色衬衫+白色腰带+蓝紫色船鞋

白色的及膝裙与线条简单的灰紫色衬衫搭配，使女性在端庄中透出轻盈的感觉。为了使二者的色彩能够自然衔接，不妨在衬衫上系一条白色的腰带，还能起到勾勒腰线的作用。此外，为了避免白色裙子带来的头重脚轻的感觉，最好再穿一双蓝紫色等深色系的皮鞋，它会让你看起来更加自信干练。

方案三：白色薄纱短裙+粉紫色露肩装+黑色袜裤

2. 浅粉色——梦幻与童真

有人说，浅粉色是少女的专利，是一种充满梦幻的色彩，可爱天真的女孩穿着一件淡粉色的裙子立刻就能勾起人们的怜爱。

浅粉色是一年四季都适宜的颜色，在炎热的夏季，轻柔的浅粉色看起来格外舒爽可人；在寒冷的冬季，一身浅粉色的装束能够融化皑皑的寒霜。不过浅粉色如果搭配不当，会给人以“装嫩”的感觉，所以许多成熟的女性往往将浅粉色视为搭配的禁忌。这样的想法未免“委屈”了它，浅粉色虽然有些稚嫩，但搭配得当反而能够显出青春的活力，将年龄“缩水”几岁，这难道不是最好的“青春秘方”吗?

配色指南：

虽然大多数浅色系的服装与深色搭配都能产生不错的效果，但浅粉色却是例外，与黑色、咖啡色等深色系搭配，会降低浅粉色的纯度，容易使原本温暖纯净的色彩变得“脏兮兮”的，因此浅粉色最好与浅色的服装搭配，以充分发挥它的最佳效果。

浅粉色与浅蓝色搭配，显得单纯可爱，能够衬托出浅粉色的纯净自然；浅粉色与浅紫色搭配，能够将柔媚与天真充分糅合在一起，显示出女性特有的温柔与甜蜜。如果想塑造出一个不食人间烟火的形象，那么这种“浅——浅”的搭配就是走可爱路线女孩不二的选择。由于浅粉色颜色较淡，极易受到其他颜色的影响，所以在搭配时如果觉得色彩对比较明显，就应用少许白色进行中和，使色彩过渡更加自然。

浅粉色的穿衣哲学

大面积地使用浅粉色会给人一种稚嫩、不够成熟的印象，因此在一些正式场合或者办公室，不宜穿浅粉色为主色的裙装。如果必须穿着，不妨将浅粉色作为辅助色，来衬托其他颜色。

浅粉色适合居家穿着，淡雅的色彩能够让紧绷的神经放松下来，如果工作压力过大或者心绪不佳，不妨用浅粉色来调节心情。

浅粉色搭配方案：

方案一：浅粉色连衣裙＋黑色腰带

方案二：浅粉色连衣裙＋白色蕾丝＋银色凉鞋

连衣裙并非特别引人注目，不过如果加入印花图案的元素就可以立即变得与众不同。在浅粉色的面料上，隐隐约约的花朵极具朦胧感，显得格外雅致，再搭配一双银色的凉鞋就能在夏日的街头穿出清爽宜人的感觉。

方案三：浅粉色背带裙＋白色皮包

□将浅粉色穿出优雅也不难，只需要在面料、款式和饰物上做一点小“文章”。露肩的连衣裙能够勾勒出曼妙的身材，在胸前堆积的皱褶又突出了胸部的线条，使身材凹凸有致。为了增强腰身的轮廓感，还可以用一条黑色的蝴蝶结腰带作为装饰，随意散落的绸带与裙摆轻轻舞出优雅与精致。

□粉色衬衫与浅粉色背带裙非常有OL的气质，高腰的设计使人看起来非常纤细，胸前的褶皱衣领虽然夸张，但并不喧宾夺主，反而能将裙子衬托得素雅精致，再配上一个白色皮包，办公室里的焦点就是你了！

张扬个性的彩色系搭配

会打扮的女人懂得生活，她们知晓只有穿着五彩缤纷的服饰才能够令忙碌的工作不再单调，令被岁月侵蚀的脸庞不再衰老。倘若这个世界只剩下深色与浅色，即使再美丽的女人也只能化作天边的一道白月光了无生趣。会打扮的女人也是非常聪明的，她们明白，色彩鲜艳并不等于花哨，鲜艳的裙装能够吸引更多人的注意，而花哨的裙装却只能落得个被人嘲笑的下场。

1. 红色——“血色”的浪漫

在热烈与奔放中彰显自我个性是红色独有的魅力，它那几乎毫无掩饰的风格能够在众多颜色中激起一片波澜，并将火一般的热情传递给众人。

对于女性来说，红色也是最禁忌不可碰触的，除了新嫁娘，没有人有勇气将大红的“喜袍”裹在身上，更没有人自信不会被红色“压倒”。红色，似乎也就真的成了一摊“蚊子血”，触目惊心而又无法触摸。

其实红色并非真的“动不得”，只要搭配得当，完全能够穿出美丽与精彩，还可将肌肤映衬得更加白皙。

配色指南：

在所有的颜色中，红色是最刺激、鲜艳的，既能够穿出孩子气，又可以显得活泼聪明，为什么相同的红色能够穿出不同的感觉呢？

适当的红色点缀比大面积运用红色要更加出彩，穿一套红色的裙子和上衣，只会显得更加小孩子气，而小面积的红色点缀，如红色的腰带，红格纹裙子、镶着红边的袖口，往往能使鲜艳的红色跳脱而出，给人留下成熟、优雅的印象。

红色与白色的搭配也是天作之合，在红色显得强势而不够柔和的时候，用白色能够减弱红色的刺目之感，还能令红色更加温柔。

红色搭配黑色，不亚于黑色与白色的组合，一个是热情奔放，一个是沉稳内敛，当二者发生撞击时，能够产生惊天动地的效果。当然，为了使两种色彩能够更好地融合在一起，不要用同比率的搭配，如红色的衬衫搭配黑色的长裙，而是必须以红色作为重点搭配，然后再加入一点亮色作为过渡，以缓和强烈的视觉对比效果。

红色与灰色也是不错的搭配方式，作为中间色的灰色并不会“介意”红色的张扬，反而会利用红色来提升自己的亮度。

除了这些色彩外，红色与蓝色、粉红色、棕色的搭配是很容易失败的，红色如果想要与这些颜色“和平相处”，不可不拉上白色作为“中间人”，如红、白、蓝或是红、白、绿，这样效果会好一些。

红色的穿衣哲学

红色容易给人以心理压迫感，长时间面对红色会使人产生焦躁不安的情绪，因此在与人谈判或者协商事务时不宜穿红色服装。

不过，如果出席喜庆宴会、记者招待会或者想要在大型演讲中被大家认同,不妨穿一件红色的服装,它能够帮你“火上浇油”,助你一臂之力!

红色搭配方案：

案一：红色花苞裙+白色雪纺上衣

红色的花苞裙虽然显得有些艳丽，不过搭配一件白底红色碎花的雪纺上衣就能够中和其夺目的色彩。白色的雪纺上衣特殊的质地温柔而又细致，花朵一般的衣摆散落在裙子上，与红色花苞裙形成呼应，又减少了白色的单调感。

方案二：红色的裙装

方案三：红色短裙+墨绿色衬衫

□紧身的肚兜式上装简单利落，露出肚皮更是显得俏皮可人，腰间没有任何饰物作为过渡，露出的肚皮就能起到调和视觉的作用，使红色的裙子和上衣得以自然过渡。

□墨绿色的衬衫呈现出独特的韵味，其间点缀的白色花朵充满了流动感，含蓄而又优雅，将红色短裙一并收入，丝毫没有突兀的感觉。在脖颈上再扎一条墨绿色领带，又为形象添加了时尚摩登的元素。

2. 蓝色：最广阔的胸怀

没有见过大海的澎湃，恐怕就无法体会到蓝色的“胸怀”，深沉的大海虽然拥有最“冷”的颜色，却能够让人产生信任、眷恋之情。这是因为在各种色彩中，蓝色象征着理智与文静、安静与洁白，能够将女性睿智、理性的一面完美地衬托出来。

配色指南：

蓝色给人以海洋般清新宜人的感觉,而且在色彩中也是最不会“挑色”的颜色，无论是天蓝色、深监色还是蓝黑色，都能够让人有如沐春风的感觉，只要搭配得当，既可以穿出理性的一面，也能流露出感性的一面。

蓝色搭配白色，以白色作为底色映衬着蓝色的图案，仿佛白色的诞生就是为了证明蓝色的存在，这种“清风扑面”、“云淡风轻”的感觉是单纯的白或者单纯的蓝所无法带来的。

蓝色搭配红色、橘红色、玫瑰红，当宁静的蓝色遇到热烈的色彩时，似乎少了一份理智，多了一份激情，显得十分俏丽可人，不过两种颜色之间的比例应当掌握好，突出任何一种颜色都会产生失败的搭配效果。

此外，蓝色与灰色、紫色、鹅黄色等一些浅色系的颜色搭配，也有很好的效果。

蓝色的穿衣哲学

由于蓝色是比较“冷”的色调，如果在色彩上没有搭配好，很容易给人留下呆板、无趣、没有想象力的印象，因此应当避免与深绿色、浅绿色等颜色搭配。

蓝色裙装，尤其是套装能够使女性显得更加理性，在平日工作的时候也会给人留下认真、专业、积极、干练的印象，所以出席一些比较严肃的场合，或者想树立权威，又或者想让别人注意聆听你的话语时，不妨穿一套蓝色裙装。

蓝色搭配方案：

方案一：蓝色短裙 + 白色高领衫 + 浅灰色羊毛背心

蓝色的短裙最适合刚入职场的女性穿着，显得既活泼又雅致，不过要想让自己尽快显得成熟一些，我们向你推荐白色的高领衫和浅灰色的羊毛背心作为搭配，它们会让你多一点 OL 的气质，更容易被人信任。

□蓝色的裙子给人以海洋的澎湃感，与黑色条纹上衣搭配虽然缺少了女人的妩媚，但却充满了大气。不过脖颈处的项链还是泄露了女孩的心事：即使是中性美女也有妩媚的一面！

方案二：蓝色裙子 + 黑白条纹上衣

2 花样年华：花色图案搭配法

随着时尚的不断变化，越来越多的设计师摒弃了保守的纯色设计，将各类花色图案大胆地运用到裙子的设计理念中，从传统的圆点图案到经典的条纹图案，再到现代感十足的几何图案和时下最受女孩子欢迎的田园花朵图案在裙子中随处可见。裙子引导着时尚的潮流，成为时尚女性张扬个性、展现魅力的舞台。不同的花色图案能够带来不一样的视觉效果，但只有搭配得当才能彰显独特魅力，为美丽锦上添花。

裙子图案搭配原则

搭配原则一：根据身材选择图案

身材比较丰满的女性常因害怕显得更胖而将花色裙子作为“拒绝来往客户”，取而代之的是单一的黑色、深棕色等基调较沉重的色系。其实并不是所有的人穿黑色都显瘦，穿花色裙子也不一定都显胖。体态较丰满的女性在选择图案时，尽量选择密集度较高的小图案，如小圆点、小碎花等，再配上底色较深的面料，就会有视觉收缩的效果。

搭配原则二：利用图案来修正身材

如果你属于梨形身材，那么就不要轻易尝试带图案的裙子，以免造成下身视觉的无限扩大，使臀部和腿部看起来肉更多。反之，如果你属于上身较壮而下身苗条的倒三角身材，不妨大胆地穿上各色图案的裙子，再配上有视觉收缩效果的上衣，使众人的注意力都集中在下身，人自然就看起来苗条多了。

黑色和白色经典搭配一直是流行色调的主旋律，黑色背心配上带有黑色蕾丝边和灰色图案的短裙，能够让全身的颜色更加协调。此外，过腰的背心与迷你短裙的搭配，还能使腰身看起来更加纤瘦，双腿修长动人。

搭配原则三：根据骨架和脸型选择图案

一般来说，骨架或者脸型较大的女性，最好不要穿带有小图案的圆领连衣裙，因为这样会将身材和脸部的缺点放大数倍，V字领和大一些或者色彩对比强烈的图案能够起到收紧腰身、柔化脸部线条的作用。如果感觉裙子的颜色和脸色不协调，不妨搭配一条与脸色和连衣裙的颜色都搭配的小丝巾，那样就可以穿自己喜欢的衣服了。

□选择面料较轻的纱质或雪纺碎花裙，能使下身看起来轻盈纤瘦，但要避免面料较厚重或者有蓬松花朵或者大圆点的裙子，那样会让你显得“稳如泰山”。

□蓝绿色的底色配上俏皮的圆点图案映衬着肌肤的娇嫩与白皙，宽吊带的设计令颈部和脸部的线条更加柔和，而收腰的裙型更能衬托出令人羡慕的修长身型，营造出自在悠闲的风格。

花朵图案巧搭配

□黑白色的大花连衣裙配上小马甲，能够让身材过于纤瘦的女孩看起来较丰腴，而方领□则使衣服的层次感增加，令胸部看起来更加丰满。

风格宣言：

花朵图案的灵感取自于田园，乡村休闲式的花裙虽然不适合职场女性，但却是年轻女孩外出逛街、游玩嬉戏时的最佳裙装打扮。不管你是热情奔放还是含蓄内敛，花朵图案的裙子能让你同时拥有优雅与活泼、温婉但又不失俏皮的双重气质。

搭配方案：

方案一：黑白大花连衣裙＋黑色小马甲

方案二：黄绿色碎花短裙＋红色外衣

彩色碎花裙与热情奔放的红色外衣搭配，能够充分诠释女性的俏皮与天真。不过这种搭配却容易使纤细的腰身“埋没”在衣裙下，为此不妨再搭配一条黑色的宽腰带，它能提升腰线，使身材显得修长苗条。

方案三：连身大花裙

□连身的大花裙能够让你展现出浪漫温情的气质，如果再穿上与花朵同色系的裤袜，就能够避免图案过于眼花缭乱，使人看起来更年轻。

搭配Tips

1. 体型较丰满的人应当穿花朵较大的裙子，而瘦小的人则应穿花朵较小的裙子，同时不同体型的人应注意颜色的选择：暖色调的靓丽颜色，如橘黄、绿色等会使人膨胀；而淡蓝色等偏冷的色调则会使人显得瘦小。

2. 花裙的搭配很简单，选择款式简单和纯颜色的小上衣，白色、灰色、黑色、咖啡色、淡蓝色都是最安全的颜色，不用担心闹出混搭笑话。如果你的裙子本身是两个颜色，如黄底白花，那么你的上衣就可以选择第三种颜色；如果裙子的颜色较多，那么上衣则应当选择花朵中包含的任意一种颜色。

3．如果你钟爱充满着迷幻效果的大花图案，或者裙子上已经镶满了足够多的花朵，那么佩饰的颜色和款式就应当尽可能的朴素简单，乳白色的珍珠项链、细带高跟鞋或者纯色的手袋都能起到中和的作用，使你看起来不那么“花枝招展”。

Tips

搭配经验总结

在裙子与上衣的搭配上，一般来说，应注意对比有致的原则，不同花色的服装最好不要混搭在一起，这样看起来十分不协调，即使身材再好也无法显露出来。

从花朵图案的颜色来说，花的颜色要与衣服底色相协调，不要太过于花哨，过多的色彩会使整体造型看起来十分混乱，从而影响视觉效果。

圆点图案巧搭配

风格宣言：

进入圆点图案的世界就像进入了一个魔幻城，一个套着一个的圆环，看似凌乱的排列，却暗藏着有序的规则，因此它也被称为流行的新符号，被无数女孩所青睐。

搭配方案：

方案一：迷幻色圆点纱裙＋细带高跟鞋

方案二：黄绿色圆点娃娃裙＋黑色袜裤＋黑色长靴

黄绿色的娃娃裙能够体现少女甜美的气质，不过娃娃裙的款式很容易使裙子轮廓变得不明显，从而影响到身材。为了避免这种问题的出现，最好选择一件带有小圆点图案的裙子，稍显凌乱的圆点图案能够弥补裙子轮廓模糊的缺憾，勾勒出美妙的体型。此外，如果你是“平胸一族”，不妨在胸前系一个蝴蝶结饰物，它能使上身的圆点图案更加密集，突出了胸部的线条，起到“玲珑有致”的视觉效果。

方案三：深绿色雪纺裙＋白点浅绿色上衣＋淡绿色蝴蝶结腰带

深绿色的雪纺裙略显单调，选择一件带有白色的大圆点图案的裙子就能够让你的形象大变。大圆点的图案在裙子的褶皱间若隐若现，给低调的裙子增添了一点活泼的律动。如果还想再让裙子多一些与众不同，还可以搭配一条淡绿色的蝴蝶结腰带和一件白色浅绿色上衣，上衣与腰带能够从颜色上与裙子产生呼应，让你穿出与众不同。

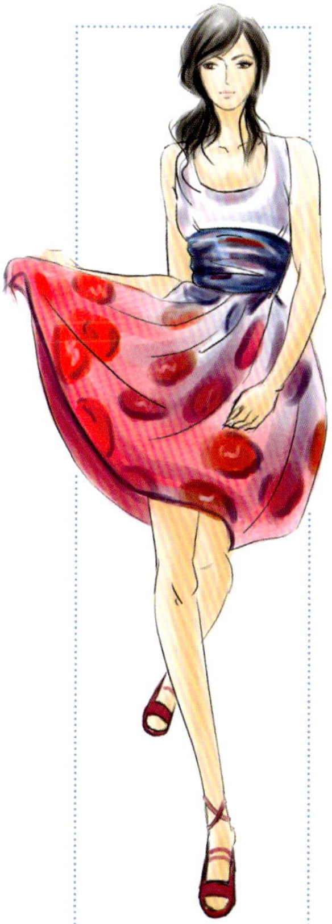

口在白色的连衣裙上缀满了大片的鲜红色圆点，再配上充满迷幻色彩的衬色，仿佛被水洇染后的暧昧。圆点从裙摆处开始衍生，从稀疏到紧密，最后探入腰间，将腰身勾勒出绝妙的曲线。

方案四：黑白大圆点连衣裙＋蝴蝶结腰带

口无彩度的色调令原本膨胀的圆点在视觉上产生收缩的效果，夸张的黑色蝴蝶结腰带又将这种收缩视觉发挥到极致，它将上身尽量拉长的同时，又将裙摆微微提起，使双腿在瞬间变得修长、迷人。

方案五：圆点高腰连衣裙＋酒红色丝袜

高腰连衣裙本身就能够使胸部显得丰满，在腰线以上又使用了白底红点的图案，能够产生膨胀感，使胸部看起来更丰满。除此之外，腰线以下的裙装采用黑色作为主打色系，能够勾勒出优美的身体线条，再搭配一双酒红色的丝袜，从上到下都呈现出玲珑的曲线美。

搭配Tips

1. 圆点容易给人以膨胀感，不适合体型较为丰腴的女性，如果实在割舍不下圆点的裙装，不妨选择带有细密的小圆点的款式。这种款式的裙子有收缩的效果，利用密集的圆点，加深对身体轮廓的描绘，从而削弱身体的横向感。

搭配Tips

2. 下身如果以大圆点的规则图案作为主调，上身就可以用比较轻感觉（透视圆点等）的圆点图案作为衬托，这样不仅能够分散对大圆点的注意力，还可以通过对比来调节上下身的轻重比例。

3. 圆点图案的裙装虽然并不像花朵、几何图案那般允满现代感，但搭配时还是应当根据自己的气质来选择。小圆点图案的裙装比较适合年轻的女孩穿着，大圆点的裙装显得比较成熟，更适合那些经历过岁月磨练的女性。

4. 不管是大圆点还是小圆点，或多或少都会有横向膨胀的效果，全身都是圆点图案的连衣裙并不适合个子较小的女性，只有个子高挑的人才能够将圆点连衣裙穿出彩。

5. 圆点有扩张的效果，如果将圆点图案运用在胸前，可以使原本平坦的胸部变得丰满起来，让女孩拥有的不止是美丽，还有绝对的自信！

条纹图案巧搭配

风格宣言：

条纹的魅力就在于它的休闲性，自从清爽的沙滩风格流行以来，条纹与女性就结下了不解之缘，无论是麻质短裙上微微凸起的手感，还是丝质长裙上柔滑细腻的流动，条纹就像和煦的阳光，时时刻刻缠绕女性柔美的身体。不管是彩色条纹，还是宽条纹搭配窄条纹，或是横竖条纹纵横搭配，都是令女人无法割舍的难言情怀。

搭配方案：

方案一：蓝白“回”字条纹连衣裙＋青蓝色腰带

方案二：蓝灰宽横条纹裙子+蓝灰细横条纹背心

宽细不等的海军蓝条纹犹如不断延伸的海平线，给人以无限遐想，不过想要穿得恰到好处还必须视服装的不同而搭配。细条纹图案的背心能够将女性精巧细致的一面展露出来，宽条纹图案的裙子又体现了大气的一面，将二者搭配穿着可以打造出女性柔美而不失个性的形象。

方案三：彩色竖条纹裙子+白色衬衣

修长的铅笔形裙身能够将下半身曲线修饰得纤细高挑，选择竖条纹图案的好处就是能够拉长腿部，使下身感觉特别修长。由于彩色条纹本身比较缭乱，上身最好只搭配一件白色的衬衫，简单的剪裁，简单的颜色，能够搭配出不简单的风格！

方案四：迷幻条纹裙+白色纱质衬裙

方案五：红色斜条纹灯笼裙+白色短袖T恤

斜条纹风格的灯笼裙是甜美女性的最爱，用几根细细的带子取代了中规中矩的背带，能够为整体形象增添几分动感与活力，将裙摆设计成灯笼的样子还能让服饰穿着更生动有趣。想要穿出与众不同的效果，还可以试着在胸口进行收褶处理，收褶后的灯笼裙腰线以下呈宽松的A字形，再搭配一件可爱的短袖T恤，就能兼收可爱与性感！

方案六：彩色横条纹裙子+红色蝴蝶结腰带+红色系带凉鞋

彩色条纹裙子总是会给人现代时髦的感觉，活泼有余沉稳不足，如果你是一个追求另类的女性，不妨选择一件具有复古风情的棉麻面料裙，这种布料的彩色横条纹是凸起来的，富有立体感，并带有浓郁的民族风情。此外，再搭配一条红色蝴蝶结腰带和一双红色系带凉鞋，还能够避免彩色条纹多而杂的凌乱感，让裙装显得清爽舒适！

□“回”字形的条纹图案犹如无限延伸的回廊，给人以视觉的延伸感与神秘感，但是不断的重叠却会加重身体的沉重感，好在鲜亮的天蓝色和白色能够减轻多余的分量，并在无限延伸中勾勒出双腿的线条。

□波普风格的蓝色系条纹如同随风起伏的湖面，漾起层层涟漪，不规则的分布更为整体感觉增添了几分神秘韵味。在裙子的领口与裙摆处分别用蕾丝花边和白色底裙点缀出甜美风格，这种甜美的风格与迷幻的填充、精密的图形相搭配，营造出一种撞击视觉的奇异美感。

搭配Tips

1．不论是竖条纹还是横条纹，只要条纹之间的距离较宽，都有膨胀的效果，所以体型比较丰腴的女性不适合穿着；相反，这种款式的裙子适合身材纤瘦的女孩子穿着，它能够使消瘦的身材显得健美。如果想要将宽条纹穿出紧凑的感觉，最好搭配紧凑的图案或者选择单色。

2．距离适中、规则、重复且连续的竖（细）条纹有收缩的效果，有时不一定非要穿深色的裙子才能显瘦，一道道竖条纹就可以将身体的线条向上下分别伸展，这是让女性看起来健美苗条的秘诀。但是应当注意，不要选择过于紧身的款式，过于紧身的款式很容易暴露臃肿的身材。

3．竖条纹虽然有拉长身型的作用，但不宜用于上衣，因为当上身显得修长时腿自然就会显得短了，所以竖条纹的图案只适合用在下身的裙装上。

4．斜条纹有很强的视觉效果，同时也具有收缩与膨胀的特性，是打造完美身材的绝对秘密武器。将斜条纹用于连衣裙，可以帮助女性“丰胸”、“收腰”、“增高”，能够将美丽从领口延伸到裙裾。

5．将斜条纹与横条纹、细条纹与宽条纹以及各种颜色的条纹搭配，能够使裙装更显灵动，并增加缤纷色彩的律动感和整体的不对称美感。

6．身材纤细娇小、五官娟秀细致的女性适合细条纹裙装，在条纹之间运用同色系或者暖色系的颜色，可以充分展现女性的柔美。如果你的性格落落大方且热情似火，则适合色彩对比比较强烈的条纹。

不规则图案巧搭配

□黑色的迷离与白色的淡定就是这款裙装的主题，它能够打破黑色的单调，在视觉上产生突出的色彩对比。此外，在裙子的中间系一条金属扣腰带又给轮廓感不强的裙子画上了一个完美的句号，使看似朦胧的图案充满了确定性。

风格宣言：

复古的风格与摩登的流行元素，这就是不规则图案带给人们的无限畅想，它的灵感取自于被打碎的空间，破裂的碎片看似简单却充满了不确定性，使人看得到却无法再造，感觉得到又无法接近，如同镜中花、水中月，在接近的一刹那，碰撞出了跨越空间的时尚火花。

搭配方案：

方案一：黑白几何裙 + 金属腰带 + 黑色外衣

方案二：高腰三色几何裙

方案三：透明几何连衣裙 + 黑色大手袋

透明的菱形图案及膝裙与其他几何裙不同之处就在于，半透明面料减弱了几何图案的复杂性与凌乱感，取而代之的是清爽宜人的感觉。与图案的清爽相比，裙子的款式可以略微复杂。例如将领口设计成大小不等的两个“V”字领，或者在腰间系一条编织复杂的黑色腰带，能够塑造出完美的胸型，倍添成熟女人的丰满，再拎一个亮皮黑色手袋，更显沉稳干练。

方案四：不规则几何连衣裙

清爽的吊带连衣裙显得非常乖巧，搭配一副小巧的耳环和手镯，让甜美的背后溢出低调的性感，即使是少女也能在不经意间流露出成熟的韵味。想要打破一成不变的生活，裙子的图案不妨选择不规则的几何图案，或许在夏日的某一个午后，你就能遇到一场浪漫的邂逅哦！

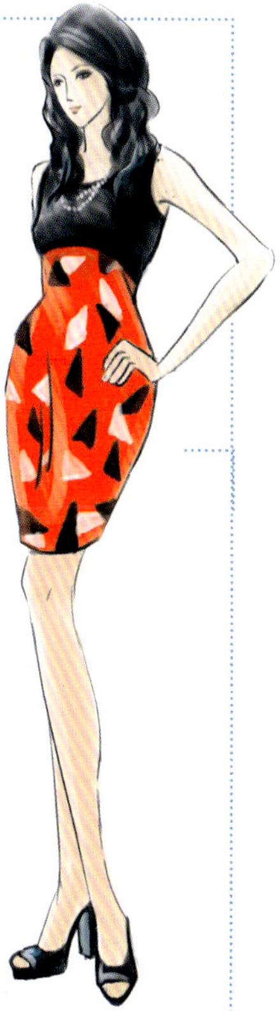

□优雅精致的小女人却能将寻常的职业风穿出现代时尚的摩登味，不规则的黑红白三角图案更契合了现代女人的特质。设计师对高腰轮廓的宠爱也显而易见，黑色的胸衣配上几何图案的下裙，在一件裙装上演绎着截然不同的风情。

搭配Tips

1. 抽象的不规则图案充满了不确定性，有些凌乱但绝不琐碎，配上造型、色彩简单的帽子、手袋或者饰品能够瞬间提升美丽气质。

2. 各种鲜艳的颜色能够使不规则图案更具冲击感，富有朝气与热情，不过对于职业女性或者进入正式场合的人来说，过于跳跃的色彩未免有些不够稳重，而整齐的、有规律的不规则图案以及点到为止的色彩搭配才会让女性在工作和会谈中如鱼得水，并赢得别人的信任。

3. 不规则图案并不是丰满女性的“大忌”，有些不规则图案能够在视觉上让你“一瘦再瘦”。身材丰满的女性可以用线条简单的不规则图案遮掩不完美的线条，身材偏瘦的女性可以用图案比较复杂的裙装来修饰自己的不足。不同的图案能够勾勒出不同的身材，但是带来的效果都是相同的——让女性更加迷人。

4. 想要身材显得更加修长，一定要选择竖条块状的不规则图案，它与竖条纹一样能起到拉长身形的作用，还可以形成立体空间的视觉效果，更富于变化。

格子图案巧搭配

风格宣言：

没有标新立异的形状，却始终让人感受到与众不同的流行之风，仿佛是低调的大提琴演奏出华丽的乐章，将无数的音符挥洒人间。

对于我们而言，挥洒到人间的每个音符就代表了人生的每一天，将所有的符号收拢在一起就是生活的沉淀，格子图案的出现仿佛证实了这一点：再平淡的音符也能演奏出美妙的音乐，再简单的线条也能构出生活的框架，只要懂得美的真谛，无论是浓郁的现代气息，还是逼人的复古情结，都能令女性在不经意间将个性魅力自然张扬。

搭配方案：

方案一：粗呢黑白格短裙＋黑白格大衣＋白色衬衫

方案二：斜格纹裙＋珍珠项链＋粉红色高跟鞋

麻质面料的格子纹裙能将裙子的素雅与淡然展露无遗，斜条纹的图案可以显出女性修长的身材，如果你是一个崇尚简单的人，那么一件斜格纹裙已经足以。想要再添加一点装饰，只要再搭配一条粉红色的珍珠项链和一双粉红色的高跟鞋就能在瞬间提升甜美气质！

□怀旧的气息通过格子图案表达出来，平添了一股美丽与优雅的贵族底蕴，既有悠然的不动声色，又有逼人的如火情思，让你在黑与白的世界中将个性魅力尽情释放。

方案三：褐色格子短裙＋白色高领针织衫＋中式黑色外套

粗呢的材质、深色的格子底纹能够令你在春秋两季散发着浓浓的女人味，裙子的长度不宜过长，刚刚及膝就可以遮住丰满的大腿。如果你是一个腰比较粗的女性，不妨选择一款高腰的格子裙，腰间的斜格设计能够起到混淆视线的作用，让腰肢不再那么丰满。如果觉得色调太沉闷，还可以为自己添加一点新的元素，搭配一件中式外衣与高领衫和一双黑色靴子，立刻就能打破沉闷的感觉。

方案四：红绿格子娃娃裙＋棕色长靴＋灰色皮草手袋

红绿格子的娃娃裙乖巧中尽显感性的一面，纵横交错的色块充满了夏天的惬意，在这个时候以细节取胜是聪明的做法，搭配一个优雅的手袋、一双帅气的长靴就能给娇媚的裙子增添一点性感的元素。

方案五：蓝灰白格子连衣裙＋灰色马甲＋棕色牛皮包

款式简单的蓝灰格子连衣裙虽然不起眼，但搭配一件帅气的灰色马甲和女人味十足的牛皮包就能够显得与众不同。灰色的马甲能够调和格子裙的凌乱感，让连衣裙简单中透着清爽，外出的时候再拎一个牛皮包，就能将个性展现到底。

搭配Tips

1．无论是大格子图案还是小格子图案，都能展示不同身材女性的优美曲线，大格子图案能使个子高大的女性显得更具时尚感与大气，小格子图案令身材娇小的女性更显优雅精致。

2．担心大腿粗的女性，当然要选一款格子裙来遮掩腿上的肉肉，格子图案能够在双腿间营造收缩的效果，令美腿变得修长苗条，挑逗你的性感指数！

3．胸部不够完美并不是天大的“罪过”，选对服饰就可以将“小事化无”，格子具有膨胀的效果，再套上一件针织小背心，美丽胸部瞬间就能呼之欲出。

4．想要立刻看起来更加成熟吗？从现在起不必每天对着镜子许愿，选择一款 V 领格子连衣裙就能将脸部线条拉长，让可爱的娃娃脸变成美人“鹅蛋脸”。

5．斜格子图案能够让娇小的女孩看起来更加修长，各种色彩的运用更能丰富整体的层次感，从此不用再“偷穿”高跟鞋，即使换上平底鞋也能昂首挺胸！

6．各种鲜艳的颜色能使格子图案充满美妙的律动，传统的黑白、红黑组合，到现在的湖蓝色、宝蓝色、鹅黄色、玫瑰红，纵横交错的线条构成了一个又一个的彩色魔方。不过，不管格子的大小繁复，色调不可过多。一般而言，主色调以一到两色为主，副色调也不易过于杂乱，细碎凌乱的颜色反而会使格子图案失去了原本的韵味。

7．格子的大小一般应与个人的身高成正比，但是并非越大越好。格子的边长以 3 厘米为宜，如果超过 6 厘米，小心会给人留下“浑身是洞”的感觉哦！

3 扬长避短：以裙装挽救不完美体形

很多人都这样认为，想要将裙子穿出最美的效果，必须有一个完美的身材，只有柔美修长的身材才能够穿出万种风情，才能够游走于流行与时尚的前沿，在举手投足间挥洒美丽情怀。可是，对于大多数人来说，完美的身材是可遇而不可求的，有的女性身材高挑但胸部平坦，有的女性胸部丰满但个头矮小，这些不完美的身材是天生的，除非通过其他方法去改善，否则很难再会有改变。难道对于身材不完美的女性而言穿漂亮的裙子永远就只能是一种奢望吗？

答案是否定的，真正聪明的女人是不会“坐以待毙”的，她们懂得，既然无法将裙子穿得出彩，为何不用裙子来掩饰自己的缺憾呢？

世界上没有最完美的身材，每个女性的身材或多或少都会有一点小小的遗憾，但是只要善于利用裙子的各种天然条件，如色彩、款式、质地等，就能够让身体上的缺憾消失得无影无踪，并且将自身的优点充分突出。

看到这里，你是否已经动心了呢，现在打开你的衣橱，对着这本书看一看哪几件裙子最适合你？如果找到了不要迟疑，它可能就是你生活中的“真命天子”哦！

葫芦形身材的裙子搭配

关键词：

丰满的胸部与臀部　略微鼓起的肚子。

身材解读：

做美女一定要有葫芦型身材，这是每一个渴望拥有玲珑身材女性的一致愿望，那么什么又是葫芦型身材?

标准的葫芦型身材就是常说的“前凸后翘”，即胸部和臀部丰满，腰部纤细。可是，在许多女性身上，这种完美的身材却变了形，不是臀部过大就是胸部太丰满，有的甚至“双管齐下”，大大降低了葫芦型身材的魅力与性感，颇有些“暴殄天物”的意味。

搭配方案：

方案一：橘黄色无袖连衣裙

方案二：圆领棉布连衣裙

舒适的棉布连衣裙如果穿得合身，就能够恰到好处地紧贴着身体，使身体的线条显得非常柔和。如果你的臀部比较丰满，不妨选择一款长至大腿的系扣款式，它能够模糊臀部的线条，使下身显得窈窕动人；如果你的胸部比较丰满，小圆领的运用则能削弱上装对胸部造成的立体感，并露出细长的脖颈，可以转移人们的视线。

搭配Tips

1. 低领、紧腰身的窄裙或者A字裙能够将葫芦型身材完美地衬托出来，质料应当以棉质或者其他柔软的面料为主，轻轻附在身上，既能柔化曲线，又不显得臃肿。

2. 宽大的裙子会减损“前凸后翘”的魅力，直筒式连衣裙或者长

□线条简洁、剪裁简单的连衣裙没有多余的缀饰，柔软的布料将玲珑曲线尽情展露，在摇曳的步履间荡漾出如水的风情。裙子的无袖和小圆领的设计减少了胸部的扩张感，又让胸部与腰部、臀部的曲线产生自然过渡之感，看起来既不失条线感，又避免了给人留下搭配饱和的印象。

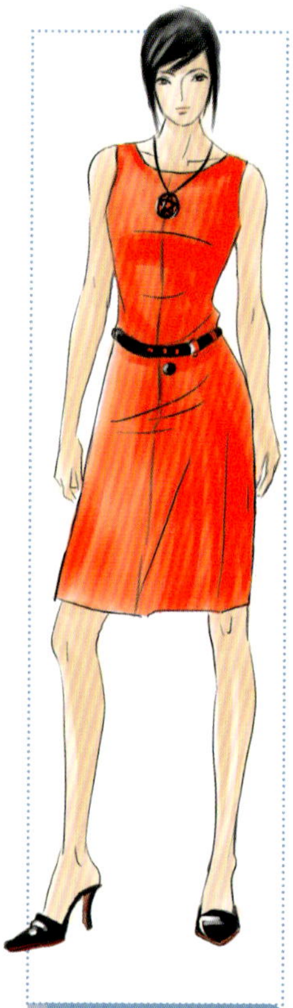

□一身红色的裙子配合立体的剪裁，使女性充满了都市节奏感，在简单的线条下充满了对完美的渴望。虽然无领的设计与几何图案的项链将一颗热烈的心隐藏在裙子之中，挂胯漆皮腰带也模糊了臀部与大腿的界限，但还是难以掩饰成熟女人的魅力。

衬衫＋短裙就能够掩饰过于丰满的胸部和臀部以及过细的腰部。但是不要为了掩盖身材缺陷而穿“蝙蝠袖”的裙装，它只会让肩膀和胸部显得更宽大。

3. 胸部过于丰满的女性不适合穿大V字领的连衣裙，它只会令胸部显得更大，甚至有“呼之欲出”的气势。

4. 圆领或者小V字领能够适当地遮掩胸部，避免“酥胸毕露”的尴尬。注意，胸前不要有口袋或者褶皱、几何图案的装饰物，它们只会令胸部看起来更加丰满。

5. 一套合身的裙装加一件长外套既能够展现动人的身姿，又可以巧妙地遮掩丰满的胸部和臀部。

6. 喜欢系腰带的女性不妨在腰间系一条金属或者漆皮的腰带，反光的质感能够在腰间营造出丰润的视觉感，令腰肢与上下身更加和谐。

口梦幻般的横条纹如同无限延伸的彩虹，使服饰穿着更加生动有趣。在胸前，黄色蝴蝶结与小方领设计勾勒出胸部的线条，甜美而又性感，与腰线以下的蓬蓬裙遥相呼应，打造出一个体态匀称的俏丽佳人。

香蕉形身材的裙子搭配

关键词：

身体不挺拔　背部较厚　缺少线条感。

身材解读：

苗条骨感的女性是天生的衣服架子，几乎所有的裙子在她们身上都是那么合身，不必挑挑拣拣“为衣发愁”，更不必整日“节衣缩食”，徘徊在美丽的大门外。可是，让人意想不到的是，这些苗条骨感的美女们却被赋予了一个不太雅观的外号“香蕉女孩”。

顾名思义，“香蕉女孩”就是身材像香蕉一样，这一类型身材的女性，通常背部脂肪比较厚或者有些驼背，从侧面看就像一只香蕉，从正面看又缺乏曲线感，容易使人产生没有精神、身体虚弱的印象。

搭配方案：

方案一：蓬蓬裙＋横条纹T恤

方案二：白色背带蓬蓬裙＋深灰色洋装＋浅灰色蝴蝶结

白色的蓬蓬裙像太阳伞一样张开，多了几分飘逸的感觉，选择背带的款式能为上身增加层次感，同时搭配深灰色上衣能够显出优雅大方的气质。假如你的身材并不理想，还可以选择在袖口、胸口等处进行细节的点缀，大蝴蝶结或者微喇叭口的袖子都能够起到画龙点睛的作用，令你即使没有傲人的身材照样能穿出迷人的风度。

方案三：碎花“一”字领裙＋腰带＋项链

飘逸的蓝色碎花裙显得有些松垮，不过系一条银色的蝴蝶结腰带就能够使裙子显得松而不乱，同时衬出优美的腰身与胸部。裙子的领口设计也比较符合香蕉型身材的搭配要求，“一”字领的设计能将腰身与肩膀完美地结合，让女性的身姿显得更加挺拔健美。

搭配Tips

1. 丰满的臀部是“香蕉女孩”最缺乏的，这也是将裙装穿出彩的关键因素，过于骨感、纤细的女孩不妨选用使臀部产生分量感的百褶裙、蓬蓬裙以及其他在臀部蓬起的款式。如果穿牛仔裙，可以选择在裙子后面有口袋的那一种，同样也能起到“丰臀”的效果。

2. 平胸的女性最好穿带有大面积图案的裙子，尤其在胸口处应当装饰较多的图案，如圆点、方格以及褶皱、蝴蝶结等，它们都能起到膨胀的效果，让丰满的胸部“不请自来”。

3. 在注意胸部与臀部的同时，还应强调肩部。窄肩背厚的女性应避免穿合肩或紧身的衣服，裙子的质地不宜太软。肩部有皱褶以及一字领、高领和圆领的上装能够遮掩“溜肩”的缺憾，然后将优美的肩部与细腰对照，就能够产生苗条而不失丰满的衣着效果。

4. 线条较硬朗、面料挺括、层次感丰富的裙子能够塑造出完美身形，并给人以挺拔、精神的感觉，在肩膀处做一些稍紧的设计，还能够有效地纠正驼背的习惯，让女性在裙子的束缚下养成挺胸抬头的习惯。

5. “香蕉女孩”身材苗条，所以不必担心佩戴饰品会产生不好的效果。相反的，多利用丝巾、项链、腰带、耳环等亮晶晶的小饰品能够转移人们的注意力，使人重视整体的美感而忽视细节的缺憾。

6. 现在大家以瘦为美，但并非越瘦就越美丽，身材消瘦的女性不要穿紧身衣裙或者一身深色的服装，要知道太瘦的“排骨”可是无法勾起食欲的哦！鲜亮的衣服能够起到反光的效果，令身材看起来不会太过纤瘦，但应注意颜色鲜艳的衣服应当穿在里面，而且应当避免过于紧绷。如果衣服上有横向的花纹，就会让身体显得更为丰满动人。

7. 选择具有光亮感，且质地柔软、有垂坠感的面料，如天鹅绒、绸缎、真丝等会使女性看起来丰满且具有吸引力，同时多层次的穿法也能够削弱身体的平板与消瘦感。

梨形身材的裙子搭配

□粗粗的大腿并不是拒绝裙子的理由，在蓬松裙摆的帮助下没有什么不可能！蓬松的碎花裙不仅能遮住肥胖的下身，还能透露些许优雅与精致，与短款小洋装一同营造出一位气质优雅的美丽女郎。

方案三：红色直筒式连衣裙

关键词：

肩膀窄　臀部　手臂　大腿的脂肪多

身材解读：

上身瘦、下身胖是东方女性的最大困扰，不热衷于运动的女性吃晚饭后往往喜欢用看电视、看电脑、看书等“静态”活动打法时间，结果造成脂肪不断囤积，原本修长的大腿开始变粗，小巧的臀部也变得肥胖，甚至还有下垂的危险。

夏天到来时，难道还要继续将裤子作为夏天的“特色”吗？“绝对不要！”爱美的女孩是不会乖乖地受“人”摆布，她们懂得，想要穿出美丽，还要自己帮自己！

搭配方案：

方案一：双层雪纺裙+牛仔短裤

宽松且略带褶皱的雪纺短裙不仅能遮掩突出的小肚肚，刚好遮盖臀部的长度更能够削弱臀部的丰满感，再搭配一条紧身牛仔短裤就能将臀线向上提升，与雪纺裙一同打造出“美臀”女孩！

方案二：碎花蓬松裙+短款小洋装+手袋

方案三：蓝色及膝裙+白色翻领衬衫

蓝色的及膝裙与白色翻领衬衫搭配颇有水手的风采，裙子与衬衫的款式不必过于复杂，简单的剪裁就能让女性显得大方得体。为了增加少许女性味，还可以选择一条带碎花图案的蓝色裙子，裙子上的碎花图案具有收缩效果，让双腿与臀部看起来不再丰满。衬衣的领子也是一个亮点，一款造型独特的衣领能够将人们的视线集中在肩膀，从而忽略了下身的不完美。

搭配Tips

1. 强调上衣的色彩和图案是转移视线的不二法宝，越是绚丽的装束越能够吸引别人的眼球，使他人的注意力不再放在粗壮的下身，让上半身成为众人眼中的焦点。

2. 裙子是掩饰身材缺憾的实用单品，长度到膝盖的裙子将骨感的膝盖和小腿完整地露出，轻薄的面料也能够让下半身看起来不再那么丰满。这些都是提升腿部线条，减弱

下身肥胖感的小秘诀。

3. 避免穿过于紧绷的裙子和收腰的小西服外套。紧身短裙虽然能为性感加分，但是会完全暴露臀部线条，反而突出了臀部，蓬松的公主裙、花苞裙就能够避免这样的尴尬发生！

4. 从视觉上平衡上下身比例是个不错的主意，利用丝巾、披肩或者在肩膀、袖子设计一些褶皱或者花边，能够很好地修饰肩线和手臂。此外，露肩装和船领也使肩膀看起来更宽，从而与下半身形成协调平衡的统一感。

5. 下半身最好选择深色系的裙子，大花、大圆点、横条纹等具有膨胀感的图案都是为下身增加体积的“罪魁祸首”。如果必须穿带图案的裙子，小圆点、斜条纹、雅致的小碎花、细竖条纹具有一定的收缩效果，尽可以放心穿着。

娇小身材的裙子搭配

关键词：

个子矮小

身材解读：

小鸟依人已经是过时的说法了，如今的女孩谁不想穿上漂亮的长裙，在街头演绎浪漫的迷人风情。可是个子矮小，什么都穿不起来，若是一意孤行“拖”着长裙，只能让自己看起来更像一只“蓝精灵”。有什么方法可以让小个子女孩也能穿上漂亮的裙装，不再受身高的影响？其实，想要增高并不是难事，穿对裙子能够让你“高不胜寒”！

搭配方案：

方案一：粉红色收腰连衣裙

娇嫩的粉红色连衣裙剪裁简单，面料垂感较好，优雅地贴在身体之上而不显得累赘，与腰间的绸缎蝴蝶结搭配还可以塑造出玲珑的曲线。这样优雅的裙装最好搭配一双没有装饰品的酒红色的高跟鞋，高跟鞋上的带子纵横交错，勾勒出优美的脚踝，并使双腿显得更加修长。

方案二：灰色A字及膝裙+短款红色外套+系带中靴

方案三：白色高腰连衣裙+高跟鞋

白色高腰裙给人一种温婉的气质，在胸前装饰一个蝴蝶结又显出女性甜美大方的一面。连衣裙的裙摆最好宽松一些，这样才能够与腰身形成对比，使腰部更加纤细，还能够拉长双腿，最适合个子娇小女性穿着。

□长短合体的裙子将骨感的膝盖露出，使腿形更显修长轻盈，选择同样是灰色的中靴令色彩的线条有了延伸，麦穗式交叉鞋带又能将双腿拉长，并在不经意间流露出可爱与纯真。但是，最能吸引人的还是红色短款外套，及腰的长度和鲜艳的颜色将腰身无限拉伸，均衡了与双腿的比例，颇有一种黄金分割点的趣味。

搭配 Tips

1. 竖条纹是提升高度的关键，色彩明亮的条纹直筒裙再搭配上宽宽的皮带，能够挑战你的视觉极限。

2. 聪明的女人懂得，扬长避短才是最明智的选择，上下同色的高腰套装、鞋袜或者鲜艳的上装能够将焦点都移至上身，起到拉长身线的作用。

3. 用淡雅的碎花点缀袜边，用适宜的高度衡量鞋子，能够在双腿间营造出延长的视觉效果。

4. 在裙摆处绣花固然漂亮，不过对个子娇小的女性来说，却会显得又矮又胖。

5. 上衣或者外套的长度不宜超过臀部最丰满处 3 厘米以上，刚刚到腰间的长度能够令女性看起来更高。同时，裙子也不宜过长，以及膝或膝上长度为佳。

6. 柔软贴身的裙子面料也是提升高度的一个关键，贴身的裙子能够令身材更加修长。

7. 没有腰身的 T 恤款式罩裙，搭配紧身的袜裤或者牛仔裤，是女性“增高”的好办法。

8. 裙子的款式越简单越好，线条简洁的方领、V 领能够使脖颈显得更优美，过于累赘的领子或者胸口的装饰物却会使脖颈更短更粗。

9. 帽子、手袋、项链也都是扮靓的实用单品，不过饰品的体积不宜过大，小巧精致才能衬托出女性的娇媚。

苹果形身材的
裙子搭配

关键词：

圆脸　四肢修长　腰腹部浑圆

身材解读：

苹果型身材的女孩最喜欢的季节一定是冬季，这是因为冬天的时候，每个人都会裹得像一个圆球，不管多好的身材也会埋没在大衣中，此时的“苹果女孩”就不会显得“与众不同”了。可是好景不长，到了夏天，大家都脱下厚厚的棉衣，换上漂亮裙子的时候，“苹果女孩”们又怎么才能解决她们最头疼的问题呢?

搭配方案：

方案一：黑色褶皱塔裙＋玫瑰红小洋装

方案二：绿格子大摆裙＋船型领衬衫＋珍珠长项链

绿格子的大摆裙充满了春天的气息，能够给人带来活力无限的感觉。格子的图案又能够起到收缩的作用，使腰部和腹部不再显得突出。此外，为了增加身体的轻盈感，不妨搭配一件船型领的衬衫，船型的领子能够将细瘦的肩膀露出来，转移人们的视线，使突出的小腹不那么明显。

□鲜艳的上衣是吸引别人的秘密武器，夸张的色彩可以突出身材中最满意的部分，而黑色的褶皱塔裙不仅能够将丰满的腰腹部遮住，还可以起到收缩的效果。

方案三：白色圆裙＋墨绿色上衣＋复古长项链

白色圆裙搭配墨绿色的衬衫，在露出修长双腿的同时，能巧妙地遮掩略显粗壮的腰身。同样是压褶，起到的作用却不一样，在腹部压褶可以从视觉上混淆小腹肥胖，在胸前压褶却能起到膨胀的作用，穿上之后就能成为细腰丰胸的满分女人。

搭配Tips

1. 层次感固然重要，可是对于“苹果女孩”来说，简洁的款式，无须过多的装饰与堆砌就能够将身材衬托得非常完美。

2. 稍紧身的弹性裙装是表现“苹果女孩”妩媚的重要元素，无领无袖的X形连衣裙，或是紧袖公主线型长裙都能尽显女性魅力。切记！不要穿宽松的服装，它只会令身材更加丰满。

3. 印花图案不是所有人都适合，腰腹部较胖的女性更适合穿鲜艳或者素净的裙子。

4. 下半身肥胖的人穿宽裙摆的裙子时，可搭配船型领的上衣，将重心置于肩膀能够让肩膀看起来比较宽，从而减弱腰腹部肥胖的视觉感。

5. 圆裙能够巧妙地修饰“苹果女孩”的圆润曲线，比直筒裙更能够掩饰过胖的身材。它的秘诀是在上身穿带有腰身的外套，再搭配褶皱圆裙，将腰腹轻柔地覆盖，从视觉上减轻了下身的重量感。

6. 除了圆裙外，高腰吊带裙、侧开叉的半截裙、娃娃裙、竖条纹裙都能够掩饰肥胖的小肚肚，还可以令美腿若隐若现，更加修长。

7. 除了裙子外，一些小配饰也能起到不错的效果，一行双排扣、一条精致的长项链或者长方形的缀饰都可以使圆脸显得瘦长一些，立体感更强。

满分女人的完美身材标准

认真的女人最美丽，她们事事要求完美，无论经历多少岁月，也决不会让自己的身材发生一点变化。她们从容大度，却对“一厘一毫”斤斤计较；她们精明能干，却总是认可“缺斤少两”；她们对服饰的要求并不多，但一定要保持一副完美的身材，这是一种爱美之心，也是女人最原始的本能。

1. 上下身的比例：以肚脐为中点，上身与下身的比例应为 5:8。

2. 胸围：先精确量出自己的身高，然后用卷尺从胸部最丰满的地方测量。胸围 (cm)/ 身高 (cm) × 100，如果数值是 53 便是标准的尺寸，54~56 是中等尺寸，而胸部在 57 以上就相当丰满了。除了大小外，完美的乳房还应当具有以下条件：乳房在第二至第六肋骨间，乳房高度为 5~6 厘米，两乳头间距大于 20 厘米，乳头到胸骨中线的距离为 11~13 厘米，乳房基底直径则为 10~12 厘米。

3. 腰围：腰围的曲线应当圆润，从侧面看应当将身体连成一条光滑的“S”形曲线。测量腰围时，先深深吸一口气，然后量出腰部最细的位置，通常情况下，腰围会比胸围小 20 厘米，身高在 160 厘米以下的女性最好将腰围保持在 60 厘米之内。

4. 臀围：将卷尺围在体前耻骨处，然后平行向下移至臀部最丰满的部位，臀围应当比胸围大 4 厘米。相对于尺寸来说，臀部挺翘也非常重要，双腿伸直、脚跟并拢站立，如果腰部与臀部最丰满处的距离在 18 厘米以内，便属于挺翘型，若超过 18 厘米，则属于下垂型。

5. 大腿围：测量大腿围时，先向前迈出半步，大腿肌肉放松，然后将卷尺紧贴在臀部下方的大腿部分。大腿围比腰围小 10 厘米为理想状态。

6. 小腿围：测量小腿围时，也应先向前迈一步，然后测量小腿肚最丰满的部位，小腿围应比大腿围小 20 厘米。

7. 踝骨围：将脚跟放在椅子上，然后测量脚踝处最细的部位，踝骨围应比小腿围小 10 厘米。

8. 肩宽：通过后颈点测量，取两肩峰之间的距离，标准肩宽等于胸围厘米数的一半再减去 4 厘米，如果大于或者小于这个数值，就是宽肩或者窄肩。

9. 颈围：颈围应当与小腿围相等，将下巴抬起，颈部伸长，然后取颈的中部最细处测量。

10. 上臂围：取手肘至肩部最粗的部分，上臂围比颈围细 4.5 厘米是最理想的，也就是说，当上臂围是 28 厘米时，颈围就应该是 32.5 厘米。

4 穿出属于你的美：巧用裙子打造完美腿形

裙子不像裤子，它不会用热烈的感情束缚双腿，虽然显得淡而疏远，可是在这种疏远中又隐含着不离不弃的情感以及温柔多情的呵护。

在很多人眼里，只有修长美丽的双腿才能够与裙子交心，但是对于推崇时尚与摩登的女性而言，一件合身的裙子能够将双腿修饰得更加完美。虽然有时候清风会淘气地将裙摆掀开，这也只是为了让美腿在裙摆的飘动中呈现出若隐若现的美。

这种美，并不是一件昂贵的裙子就能够带来的，也许某一天你会发现，被遗忘在衣橱角落里的一件白色连衣裙、红色条纹裙或者许久不见的紫色公主裙才与你最“情投意合”。

大象腿的裙子搭配

关键词：

粗壮的大腿　过多的赘肉

腿型解读：

有时候，大象腿与胖、瘦根本没有关系，许多上身玲珑有致或者纤瘦的女孩却长了一双又粗又壮的腿。这双腿让女孩子们吃了不少苦头，不敢穿短裙、不敢穿短裤，再热的天也要与长裙、牛仔裤做伴，一不小心还会将裤子绷得紧紧的，别提有多“糗”了。

搭配方案：

方案一：黑色圆点高腰裙＋高跟鞋＋金色缀饰

方案二：波希米亚长裙

飘逸的长裙能够勾勒出女性动人的曲线，尤其是双腿比较修长的女性更适合搭配长裙。不过永远也不会过时的长裙有时会显得略微单调，追求时尚的你不妨选择一条带有波希米亚元素的裙子。这种风格的裙子上布满了异域风情的花朵，仿佛一阵风吹过，就能将人带到神秘的伊甸园。

方案三：黑色花苞裙

方案四：蓝色圆摆裙

虽然蓝色的圆摆裙并不显腰身，但圆形的裙摆却能起到收拢的效果，尤其是腿型不完美的女性选择这款裙子，再拎一个长方形的鳄鱼皮包，皮包硬朗的线条与圆弧的裙摆形成鲜明的对比，从而淡化双腿线条的缺陷，将别人的视线转移到上身。

除此之外，在细节上做一些修饰，也能够将粗腿变细。腰部系一条金属皮带，小碎花图案，腰间的口袋，同一色系上下身的服饰，筒形的长衬衫，都能将视线向上移，达到修长、收缩的效果。

□露肩的款式将女孩性感的香肩一览无遗，只引得众人瞩目，哪顾得上粗粗的大腿？金色的缀饰和玲珑的腰身，更是将焦点集中在上身。如果担心有“漏网之鱼”，小圆点的图案和收腿的裙摆能帮你搞定一切，你只需站在那里，释放所有美丽。

□如同深夜的黑玫瑰，神秘中透着诡异的美，线条感十足的上装勾勒出身体曲线，略微繁琐的裙摆又将双腿包住，在丝袜的衬托下，显得格外朦胧诱人。胸前的几何装饰物和黑纱也是一个亮点，在明暗对比中塑造完美身形。

搭配Tips

1. 与高腰裙搭配。将腰身拉长是高腰裙的拿手好戏，除此之外，它也是遮掩粗腿的最佳单品之一。垂感十足的裙摆在大腿处略微蓬松，将双腿与臀部多余的赘肉“隐形”。长至膝盖是高腰裙的首选长度，再加上一双系带高跟鞋，夏天的美腿女王非你莫属！

2. 与印花长裙搭配。有时候性感并不是裸露，即使被裹得紧密严实也会散发出炙热的光芒。长裙是腿粗女性的最佳伴侣，不管腿有多粗，一条长至脚踝的裙子能够将所有缺陷悉数掩饰。要注意的是，一定要尽量体现上身的玲珑感，这样才能将别人的眼球都抓住哦！

3. 与花苞裙搭配。如花朵般绽放的裙摆诉说着女性童年的梦想，就像花丛中的仙子舞动着轻盈的身姿，花苞裙的诞生实现了女孩的这个愿望，又带来更大的惊喜。收缩的裙摆如同花苞一般，不动声色地遮住大腿最粗的部位，并能掩饰腿上多余的赘肉，使美腿与裙子融为一体，尽显裙下俏丽风采。

4. 与紧腿袜裤搭配。紧腿袜裤能够在双腿上描绘出若隐若现的美丽，肌肤相亲的触感更是对双腿的一种呵护，与具有收拢效果的圆裙、百褶裙搭配能够使过粗的腿看起来更纤细。

萝卜腿的裙子搭配

关键词：

小腿肌肉结实鼓起　像一个球　脚踝粗

腿型解读：

小腿粗壮的女孩除了与大量运动有关外，主要都是遗传造成的。与大腿粗壮一样，或许身体的其他部位都非常纤瘦，可是惟独一双小腿却怎么也细不下来。无论是在炎热的夏天还是凉爽的秋冬，腿部修长而苗条的女性可以尽情展现自己的纤腿，但是小腿粗壮的女孩却只能不甘心地将双腿隐藏。

其实，小腿粗并不是一件不可扭转的“逆势”，既然先天条件无法改变，那么不妨通过后天的努力来改变局势。

搭配方案：

方案一：牛仔裙 + 竖条纹袜子 + 露脐 T 恤

款式简单的牛仔裙适合所有女性穿着，不过为了能够穿出自己的风格还需要自己打扮一番。牛仔裙搭配竖条纹袜子能够将小腿线条向上提升，而袜子上的黑白条纹又能混淆了小腿的视觉感，使粗壮的小腿不再显得突出。记住，裙子和袜子的长度应当把握好，最好在裙摆与袜口之间露出膝盖，骨感的膝盖可以吸引他人的注意。如果还担心别人一直会注意你的双腿，不妨再搭配一件露脐的 T 恤，露脐的 T 恤也是一个亮点，总之让焦点都集中在上身。

方案二：A 字花裙 + 白色宽带背心

方案三：直筒连衣裙 + 褶皱靴子 + 墨蓝色羊绒袜

款式简洁的直筒连衣裙能够勾勒出美妙的身线，裙摆最好能够卡在膝盖处，这样再搭配一双黑色的中靴就正好将小腿完全包住。靴筒宜选择褶皱的设计，这样就能够与裙摆一同使小腿显得更加轻盈。如果担心小腿的线条不够明朗，还可以再搭配一双轮廓感十足的羊绒袜，羊绒袜与连衣裙的强烈对比能将人的视线向上转移。

方案四：黑色及膝裙 + 粗跟高跟鞋 + 白色衬衫 + 红白格背心

口白里透红的肌肤和亮丽的朝气，以白色背心与花裙的组合最能衬托出女人的美丽气质，尤其是合体的剪裁、清爽的色彩更减轻了下半身多余的分量，使步伐与身姿自然轻盈，如果再露出一脸灿烂的笑容，你就是街头最美的风景。

口简单的白衬衫搭配甜美的针织背心，仿佛回到了青涩的学生时代，就像是那个曾经暗恋过学长的女孩，散发着纯真与羞涩，不过黑色的丝袜和及膝的短裙泄露了时间的秘密，原来女孩已经长大成人。

搭配Tips

1. 与袜子搭配。具有收缩效果的冷色系过膝袜适合小腿粗的女性，它活泼又动感，能够将视线向上提；线条从袜尖一直延伸到膝盖，亮光丝设计更具有弱化小腿肌肉、拉长美腿的作用，与飘逸的裙摆一同提升双腿的立体感。

2. 与A字裙搭配。A字裙也是“萝卜腿”女性不可缺少的搭配单品，上窄下宽的设计能够弱化小腿肌肉，描绘身体玲珑曲线。此外，还应注意裙子的长度，短裙会将双腿缺陷暴露无遗，裙摆刚好在小腿肚中央又会让“萝卜腿”女孩越穿腿越粗。一条七分长的裙子或者长裙，再配上一双平底鞋，就能够走出步步生风的感觉。

3. 与靴子搭配。有什么能比靴子更加包容双腿？如果你想穿短裙，却又无法面对自己的双腿，一双靴子就能解决你的燃眉之急。一双带有褶皱、鞋带或者垂直图案花纹的中长靴配以一件直筒的中裙，怎么美丽怎么来！

4. 想要腿部线条看起来更加优美，裙子的布料应当厚薄均衡，再配上一双粗细适中的高跟鞋，还能起到在视觉上将小腿线条向上提升的效果呢。但是应当警惕的是，这一切的努力不要因为一双紧腿袜裤毁于一旦，要知道线条感十足的袜裤会将双腿的缺陷放大一百倍。

鸵鸟腿的裙子搭配

关键词：

双腿笔直　但瘦骨嶙峋　缺少线条感

腿型解读：

一双笔直的美腿，一件飘逸的长裙，在众人艳羡的目光中，在鲜亮的背后，却有些心虚。缺少曲线美的双腿就像没有放盐的菜肴，光有外表，却经不起推敲。无论穿裙子还是裤子，无论穿凉鞋还是靴子，一双瘦骨嶙峋的“鸵鸟腿”缺少自信的底气，终究难成“美丽的大器”。

搭配方案：

方案一：及膝裙 + 绿色条纹袜 + 平底鞋

刚到膝盖的裙子能够将细瘦的大腿遮住，平底鞋能够减少腿部的纤细，为双腿增加了分量；绿色长袜上的横条纹图案充满了延伸感，使小腿部变得丰满。三者搭配在一起，能够将美腿的风采发挥得淋漓尽致。

方案二：V 领薄纱裙

方案三：白色圆点连衣裙

连衣裙领子装饰优雅精致花边能够使肩膀看起来略宽一些，从视觉上减弱了下身的收缩感。此外，还可以选择在裙子上装饰大圆点的图案，这样做的目的是为了起到膨胀的作用，使纤瘦的身姿不至于过分弱不禁风，并为女性增添一些大气与健美。

方案四：蓬松娃娃裙 + 花边长袜

方案五：花朵图案大摆裙

□半透明的纱裙在若隐若现中有种不言自明的高贵，银边的 V 领无袖衫既肃穆又摩登；裙摆的运用是重点，黑色绸缎缝制的裙边为双腿增加了分量感，显现出沉稳的一面。

□蓬松的娃娃裙搭配可爱的蕾丝花边，既模糊了身形又打破了双腿过细的不良形象，还与白色长袜共同散发着健康的气息；袜口处的花边设计增加了双腿的体积感，使双腿在裙摆的映衬下浑圆健美。

中长款的大摆裙是“鸵鸟腿”女性的最爱，从腰部开始放宽的大摆裙能够将双腿置于自己的保护之下，让双腿在摇曳的裙摆下若隐若现，只露出纤细的脚踝给人以无限的遐想。大花朵的图案更能增加双腿的分量，若搭配一个牛皮手袋就十分完美了。

搭配Tips

1. 与袜子搭配。横条纹、大花朵、大格子、大圆点等图案具有膨胀的效果，能够使纤瘦的双腿变得更加丰满，尤其是蜿蜒的图案还能混淆视线，为双腿带来优美的线条感。

将多种袜子混搭也是为双腿“增肥”的好方法，一双蓬松的袜子或一双厚厚的袜套，一双带有褶皱的靴子，都能增加双腿的层次感。

2. 与V字领上装搭配。V字领能够拉长身形，减少上身与下身的差距感，收腰的设计更能营造出玲珑的曲线，再加上夸张的配饰，就能将注意力都吸引到上身。

3. 与浅色裙子搭配。浅色系的裙子比深色系的裙子更具有膨胀感，饱和的色彩、发亮的质地对于腿粗女性不敢尝试的一切元素尽可以大胆试穿，在修饰腿型的同时还能穿出另类风采。

4. 与蓬松裙搭配。略微宽松的裙摆比直筒裙更适合“鸵鸟腿”女孩，微微张扬的裙摆能够给双腿留有延伸的空间。如果觉得腿部的线条太硬，缺少柔美的曲线，可选择质地和色彩都比较温和的裙子，在裙摆处加一点小装饰，如蝴蝶结、蕾丝边都能够让腿部线条变得柔和。

5. 与中长裙搭配。超短裙会让你看起来瘦骨嶙峋，中长裙能避免这种尴尬，裙摆刚好到小腿中间的裙子，能够让腿看起来丰满。

小短腿的裙子搭配

关键词：

上身长　腿部短小

腿型解读：

上身标准，腿很短，身体不成比例，使很多短腿女孩为之苦恼，对于她们，漂亮的裙装是可望而不可求的，看着别人裙摆飘飘，自己却只能躲在后面当“逃兵”，别提有多灰心了。其实无须这么垂头丧气，漂亮的裙子是属于女人的，只要搭配合理，都能穿出妩媚女人味。

搭配方案 ：

方案一：吊带短裙

方案二：高腰娃娃裙

雪纺质地的高腰裙轻盈柔软，穿在身上可以使身体变得活泼。如果你的双腿比较短小，不妨在腰间系一条鲜红的宽腰带，将视线引到上身，同时勾勒出优美的腰线。如果想要自己显得更加修长，还需要搭配一双银色的系带高跟凉鞋。随意绑在脚踝的凉鞋与高腰娃娃裙搭配能够让你的双腿更加自然修长。

方案三：工装短裙

方案四：灰色高腰裙

ＯＬ女性最爱黑、白、灰，虽然裙子比较严肃，但是上身闪亮的绸缎面料能够增强服饰的时尚感，不仅能提高职场人气，如果裙子的款式为高腰线，那么职场魅力无人能比！

方案五：灰黑色高腰娃娃裙

□轻薄的短裙是美腿的最佳代言，米色与白色的结合有向上延伸的效果，腰间的褶皱缩短了腿与腰的距离，模糊了上下身的界限，重新划定出身体的黄金比例。

□黑底白点的背带小衫看起来有些零乱，用沉稳的褐色短裙能中和图案的纷繁，将上身的轮廓描绘清晰。对于短腿的人来说，一条刚到大腿根的短裙会使双腿看上去显得修长。

□黑白细条纹制造出闪光交错的气氛，如同晚会中闪射不停的灯光，扩展了上下的空间。在胸口到腰身处，用一条黑色的蝴蝶结作为上下身的界限，能给人一种修长迷人的感觉。

搭配Tips

1. 与短裙搭配。长度在膝盖10厘米以上或者更短的裙子是短腿女孩展示双腿美丽的秘诀，千万不要为了赶时髦而搭配袜裤或者其他紧腿裤。

2. 与雪纺裙搭配。质地柔软的雪纺裙能够将女性优雅的轮廓描绘得更加迷人，腿短的女性可以在裙子上系一条宽腰带，腰带的位置适当提高，拉长下身比例，双腿就显长了哦。

3. 与工装短裙搭配。不要穿过于蓬松的裙子，带点中性味道的工装短裙能够强调美腿，略有上弧形的裙摆将大腿的线条巧妙延伸，使短腿变长。要注意的是，裙摆的线条应简明，层层叠叠的设计会令腿看上去更短。

4. 与灰黑等色裙子搭配。将鲜艳的色彩放在上身，下身穿黑色、灰色等低调颜色的裙子，就能够将视觉点停留在上身。此外，若上身衣服稍短，胸口处还有一些点缀，效果就更好啦。

5. 与及膝裙搭配。不光是超短裙，及膝裙也能遮掩腿部短粗的缺点，尤其是直条纹的图案能够拉长下身比例，再搭配一双高跟鞋效果就更好了。记得不要穿袜裤、过膝裙或者低腰裙，它们会让重心下移，将腿分成两截，让腿短的缺点更明显。

O 形腿与 X 形腿的裙子搭配

□短款牛仔裙与中靴的搭配，使上下线条流畅，腰间随意垂下的腰带和可爱的格子长围巾将视线向上提起；同样俏丽的条纹长袜也不甘示弱，将弯曲的线条修饰得完美无瑕，与靴子一同为双腿增加更多亮点。

关键词：

腿型不直　双腿无法并拢

腿型解读：

双腿纤细，气质也不错，可是就是不敢穿裙子，天生的 O 形腿和 X 形腿令很多女性非常自卑。O 形腿就是从膝盖以下开始向外弯曲，小腿之间的距离最大可以通过一个拳头；而 X 型腿正好相反，是向内弯曲，大腿与小腿正好形成一个“X”形。

这两种腿型对于喜爱裙装的女性来说是一个致命的打击，在爱美的女性扮美的最佳时节真的没有办法解决了吗？不用担心，我们教你几招，能够让变型的腿瞬间笔直挺拔！

搭配方案：

方案一：浅粉色散摆裙 + 玫瑰红洋装 + 丝巾

蓬松的散摆裙搭配一件艳丽的短款洋装能够散发出清新的魅力，脖子上随意系的丝巾更添妩媚女人风范。散摆裙、洋装与丝巾强烈的色彩对比在视觉上能够产生耀眼的效果，打造出一双绝美的长腿。

方案二：牛仔短裙 + 条纹袜子 + 中靴 + 配饰

搭配 Tips

1. 与宽松中裙搭配。除了长裙外，长到膝盖的宽松裙子也能削弱双腿的弯曲感，如果再点缀花朵、斜菱格、斜条纹，就能将焦点集中在上身，从而让人忽略腿部的缺陷。

2. 窄款中裙是 O 形腿与 X 形腿女孩的禁忌，完全贴近下身的弧度会令弯曲的腿部更加显眼；裙子的长度更不要卡在小腿肚上，它只会放大小腿的缺陷。

3. 当裙子或者上身服装为黑色时，透明或者半透明的黑丝袜会暴露不完美的腿型，一双厚厚的紧身袜裤才是最佳的选择。

4. 与靴子和袜子搭配。靴子和袜子也是让双腿笔直的小诀窍，颜色相同的直筒靴和长到膝盖以上的棉袜能够掩饰小腿弯曲的线条。靴子和袜子的颜色与裙子相差不宜太大，最好是同一色系，以便使双腿线条更加流畅。尽量避免颜色和款式都过于花哨的靴和袜。

5 穿出属于你的时尚：爱“裙”主义的独立宣言

没有一个女人会嫌自己的衣橱是满的，再成熟的女人在裙子面前也会显出“贪心、任性”的一面，想要更多的裙子，想要将自己打扮得更加美丽，这个理由使女人面对琳琅满目的裙子时，所表现出的冲动是那么理所当然。

这种冲动并不是一时的欲望，而是女人最原始的本能，在追求美丽的过程中，女人将“爱裙主义”的独立宣言发挥得淋漓尽致。

女人的“爱裙主义”是包罗万象的，是开阔天空的，是打不散割不断的，不管是奢华的晚礼服还是素雅的印花裙，又或者是平平常常的牛仔裙，在真正热爱裙装的女人眼里，都是自己的画像中不可缺少的一道风景线。

公主裙：美丽与奢华的象征

关键词：

奢华　美丽

公主裙宣言：

谁说公主一定会一直守着城堡不肯出门，她们也渴望蓝的天，白的云，红的花，绿的草；她们也追求美丽的身姿，浪漫的邂逅，纯真的笑容，安宁的生活。在她们看来，摘下了桂冠并不会令美丽逊色，只要拥有一件挚爱的公主裙，就能够让所有的渴望梦想成真。

搭配方案：

方案一：黑色公主裙＋紫色丝袜＋玫瑰红凉鞋

黑色的公主裙采用柔软的丝质面料，剪裁简单又合体，充满了中国式的写意与层叠。在腰间和袖口分别采用玫瑰红的蝴蝶结作为装饰，使裙子引人注目却并不招摇；再搭配紫色的丝袜、玫瑰红的高跟鞋和一个绚丽的手袋，更显艳丽迷人。

方案二：粉色公主裙＋白色背带洋装＋黑色圆头高跟鞋

方案三：薄纱吊带公主裙＋粉红色平底鞋

无腰身的公主裙能够巧妙地遮掩不够完美的身材，薄纱边的裙摆能够使双腿若隐若现，充满了性感。如果你穿不惯高跟鞋，不妨选择一款粉红色的平底鞋，平底鞋与公主裙的搭配同样能够让你拥有公主般的骄傲。

□轻轻摇曳的裙摆是夏天的延续，未至的情怀尚且留在春天，波浪一般的裙子代表了少女的权利，吊带的上装又诉说着长大后的性感。想让自己更加优雅一些，不妨用蝴蝶结作为美丽的点缀，它与裙摆上的黑色描线一同唱出欢快的歌曲。

搭配Tips

1. 一条轻柔的丝巾缠绕在脖颈间，滑腻的触感点缀着浪漫的情怀，不需要什么首饰的点缀，最原始的美丽才能勾人心魄。

2. 一条蝴蝶结腰带是一个童话的开始，随意系在腰间，营造出温柔与浪漫，失去了贵冠的公主依然可以骄傲，只要她还拥有做梦的权利。

3. 高筒靴、平底鞋、高跟鞋，美丽的公主不需要做过多的取舍。对于她们来说，靴子也好，高跟鞋也罢，只要穿上就能立刻随乐起舞，在零点的钟声响起之前绝不下场。

4. 不要拒绝丝袜的问候，丝般柔顺的触感是对双腿的依赖，五彩的色调是梦境的延续，不管穿得多么简单，彩色的丝袜能够让公主在睡梦中也笑个不停。

5. 单件的公主裙如果有了紧身小洋装的陪伴就更加完美了，收紧的腰身，稍短的款式，都能够让公主们更加俏丽可人。别忘了，如果裙本身十分花俏，上衣的款式就要简单一些。

6. 吃多了甜品的公主也会发胖，穿上高腰的公主裙就能够掩饰一切，优雅的线条将腰线提升后，不管小肚子怎么凸都不会影响美丽形象了。

短裙：秀出修长双腿

关键词：

性感　短小　修长

短裙宣言：

时而性感撩人，时而优雅高贵，这就是短裙带给女性的最大惊喜。这种惊喜并不是一种孤芳自赏，而是在别人的眼中找得到的羡慕。尤其对于双腿修长的女孩子来说，短裙更是取胜的最佳利器。

短裙最大的优势就是以"短"取胜，越短越大胆，越短越迷人，仿佛一点遮掩都是对双腿的亵渎，这也是其他服装达不到的效果。

搭配方案：

方案一：深灰色毛料短裙+浅灰色针织长衫+白色上衣

方案二：黑色百褶连衣裙+米色风衣

黑色的百褶连衣裙看似平淡，不过细节处的设计却能够使它与众不同。在领口处装饰一朵黑色的领花能够使百褶裙显得性感帅气。如果你的臀部不够丰满，不妨混搭一件米色的风衣，这种混搭能够遮掩身体的缺陷，它在放弃塑造玲珑曲线的同时，强调了女性的中性美。

方案三：竖条纹宽松短裙+白色宽松吊带背心

条纹的运用并不算标新立异，但是将其用在短裙上却给人以独特的感觉。蓝灰相间的条纹从裙子的腰身一直蔓延到裙摆，与双腿自然地衔接在一起，使下身更显修长。上身搭配宽松的白色吊带与短裙形成一松一紧的对比搭配，给人留下深刻的印象。

口长款的针织衫几乎将超短裙遮掩，隐隐露出的一条灰边是短裙执着的信念，双腿就在短裙的一隐一现中轻舞跃动，带出轻盈的节奏与律动。一件黑色金属链皮包和一件白色上衣，又将剩余的空间填满，小心不让美丽泄露一丝一点。

搭配Tips

1. 想要穿出高贵优雅又性感的气质，别忘了先量准自己的身高与腿型。

膝上30厘米是美丽的极限，不想浪费完美无瑕的美腿资本的女孩不妨将美丽的定律贯彻到底，在行走间，只看得见满眼生花，活色生香。

膝上15厘米是最完美的尺度，在行走间刚好若隐若现，真是“意态撩人”，越朦胧越美丽。

膝上5厘米是美丽的保守线，羞涩的双腿欲露还遮，特别是复古的造型能够带来性感与高贵的双重气质。

2. 连衣短裙更适合个子娇小的女孩，分件式的短裙能够提升高挑女孩的美丽，不管是哪一种，贴身的剪裁是塑造玲珑曲线的神来之笔。

3. 用袜子来点缀短裙的魅力，或在袜口，或在脚踝，精致的花纹与裙摆遥遥相映，踏出轻盈的舞步。为了防止春光外泄，一双连身丝袜和一件安全裤是短裙的必备行头，让行走的脚步更加潇洒。

4. 穿短裙无论如何不能少了渔网袜和长靴，紧包着双腿的保守与裸露在网袜外的性感，只有短裙才能够做到。不过，靴子、袜子和裙子的质地应当考究，不要穿出“风尘”的味道。

5. 年龄并不是穿短裙的条件，只要拥有迷人的双腿，多短的裙子都可以毫无顾忌。素雅暗花的纯色短裙和接近色系的上衣是成熟女性的象征，少了大花、刺绣等抢眼的图案，一切都回归到原始的状态，体现成熟女性丰富的底蕴。

6. 高跟鞋也是提升形象的一个关键，想令双脚更加美丽，鞋跟的高度有讲究。例如，身高160厘米，鞋跟最高6.5厘米；身高170厘米，鞋跟不得超过6.8厘米。

7. 上衣、外套、风衣也是扮靓短裙的不二法宝。

（1）与风衣搭配

中性的风衣带来风尘仆仆的沧桑，短裙却拥有着不谙世事的天真，在清新简洁的毛衣的介绍下，却能撞击出激情的火花。风衣的长度应当超过短裙，或者只留下窄窄的一条裙边，再配上新潮的长靴，打造出朋克与浪漫的美丽结合。

（2）与小西服搭配

优雅端庄的小西服，配上带有雪纺、花朵、亮片和蝴蝶结的蓬蓬短裙、A字裙，既有活力又不失教养，无论是逛街、访友还是参加晚宴，毕露的美腿俏皮又性感，让你赚足面子。

（3）与运动外套搭配

如果想穿出休闲的味道，一件利落的运动外套必不可少，将领子立起来就能散发着中性的帅气与性感，穿着这一身服装去泡吧，想不受欢迎都很难。

8. 低腰粗腰带能够打造出另类的摇滚风情，无秩序地缠绕在腰间就能让时尚指数直线上升，如果对自己的身材够自信，再配上一件露脐装绝对性感无敌！

9. 短裙是最考验腿型的款式，坚实修长的双腿是穿出精彩的关键。臀部扁平的女性请放弃迷你短裙，不要将自己的缺点暴露在众目睽睽之下；臀部松弛或者下垂的女性，应避免贴身窄裙或者布料柔软的裙子，最好在裙子后面加两个口袋，让臀部显得更加挺翘迷人。

雪纺裙 ：百般娇媚的柔情

关键词：

柔媚　摇曳　婉约

雪纺裙宣言：

灵动在夏季与秋季的雪纺裙，充满了轻盈飘逸的感觉，其婉约妩媚的气质演绎着无数女性回眸一笑的韵律。并非只有甜美的女孩才能独享这轻薄透明的织物带来的贴身呵护的权利，成熟的女人同样能够展现感性的女人味。

它注重的是细节处的精致，没有了花哨的图案后，女性将自己还原到最纯净的飘逸状态，并将含蓄与内敛作为高雅的象征，从而突出了自我的独特个性。不管是连衣式雪纺裙还是雪纺半裙，修体的剪裁与垂感十足的面料都能展现优美的曲线，再加上含蓄的局部雪纺面料点缀，为女性烘托出雪纺裙梦幻般的柔美与轻柔的气质。

如果厌倦了雪纺的柔弱如水，不妨搞点小花样，自由混搭能够将雪纺裙穿出更加独特的美丽！

搭配方案：

方案一：黑色雪纺裙＋白色褶皱衬衫＋蓝色高跟鞋

方案二：粉红色雪纺裙＋金属腰带＋金色坤包＋青蓝色高跟鞋

怎样才能在众美云集的 PARTY 上让别人注意到自己？一款设计简洁的雪纺短裙就能够让你成为全场的焦点。粉红色的雪纺裙虽然略显幼稚，不过搭配一条闪亮的金属腰带和小巧的坤包可以帮你尽展华丽与高贵。

方案三：雪纺花色裙＋黑色小马甲

雪纺长裙飘逸灵动，短裙的造型能让你俏丽可人。为了增强腿部的线条，裙摆宜选择层层堆积的造型，使双腿显得纤细修长。如果做腻了甜美的小公主，还可以搭配一件黑色的小马甲，小马甲与裙子的组合能够将女孩装扮成一个帅气、可爱的西部“小牛仔”。

□黑白的搭配令轻柔的雪纺裙多了一份高贵，复古的低胸高腰设计散发着浓浓的女人味，想要在尘世中找到脱俗的感觉，荡漾的裙摆是必不可少的，再加上一双高跟鞋，小女孩也会变成优雅的女人！

搭配 Tips

1．性感迷人的丝袜能够将女人味十足的雪纺裙烘托得更加动人，在裙摆飘扬间，将美丽不经意地挥洒。简单的裙子款式，纯色的色彩运用，都能将这种美丽挥洒到极致。

2．一件合体到位的衬裙是保证不会令女性“春光外泄”的诀窍，颜色最好与裙子是同色系，深浅不一的搭配还能增加裙子的立体感，更加活泼灵动。

3．皮材质的配饰，如皮包、凉鞋、腰带等时尚元素的运用能够衬托出雪纺裙的甜美，摩登的设计与保守的面料造成了强烈的视觉对比，更显十足女人味。

4．小细节也不能忽视，高腰且下摆宽松的雪纺裙能够完美地修饰丰满的腰身，在领口系一个蝴蝶结还能转移视觉重点。不必太花哨，简单大方的装扮就能轻而易举地赢得大家的好感。

5．不管长裙还是短裙，同样能够穿出飘逸的感觉，外出的时候一件长及膝盖的雪纺裙能够让你无拘无束，再配上一双平底鞋或者细高跟鞋，例如可爱的糖果色鞋子，还会令你时尚又可爱。鞋子的颜色要视雪纺裙而定，若是图案纷繁、颜色绚丽的裙子，一双黑、白、金或者灰色的鞋子可以将雪纺裙衬托得更加轻盈。

6．想要穿出若隐若现的性感气质吗？选择一款稍短的雪纺裙，再穿上一件短裤，每当轻柔的裙摆飘起的时候，短裤就会在不经意间露出，让人怀疑似乎是迷了眼，才有幸看到如此迷离的一幕。

7．想要在冬天也穿飘逸的感觉，不妨在最里面穿一件纯色的雪纺裙，随意飘出的裙摆能够强调悬垂感，在温暖的背后是女人小小的骄傲。一件颜色低调的皮草也可以增加雪纺的奢华感，不过皮革质地不要过于厚重，否则会造成头重脚轻的不协调。

8．除非是叠层过膝的雪纺裙，否则不要与宽筒靴搭配，粗笨的靴子会破坏雪纺裙的袅娜气质，有点“乱搭”的感觉。

9．将挺括的外套与雪纺裙搭配能够穿出一硬一软、刚柔相济的味道，在硬朗与柔美之间，撞击出女性的知性气质。

A 字裙 ：无敌瘦腿单品

口微张的裙摆不会给人以太过于繁琐的感觉，黑色的主色与利落的线条十分适合。此外，裙摆处的白色条纹与领口处的镶边给人以优雅感的同时还有干练，与下摆的褶皱一同为女性增添另类的质感。

关键词：

苗条　修长

A 字裙宣言：

喜欢穿 A 字裙的女人懂得，只有将自己的弱点隐藏，才能在人前更加自信。她们不相信后天的努力无法战胜先天的不足，她们也同样不相信年龄是美丽的最大阻碍，无论何时何地，一件 A 字裙总会带来细节的惊喜。

这种惊喜并不是沸沸扬扬的，而是一点一滴汇聚成的涓涓细流，摒弃了繁琐的设计，只将最原始的纯真保留在心底。只有这样，才能够在某一天偶尔回首时发现，原来美丽与梦想一直不曾远离。

搭配方案 ：

方案一：黑色 A 字连衣裙 + 白色鱼嘴鞋 + 白色腰带

黑白的搭配是永远都不会落伍的，不过却有些大众化，因此最好选择一款在细节处有修饰的连衣裙。黑色 A 字连衣裙从腰间开始向内收，再配一条白色的绸缎腰带，强调了腰部的曲线感；而裙子又从臀部开始略微展开，宽松舒适，使整个装扮充满优雅的女人气息。

方案二：灰色毛料 A 字裙 + 紧身小洋装

灰色的毛料 A 字短裙最能展现小巧的身姿，与紧身洋装搭配更加出彩。毛料 A 字裙在腰间选择压褶的设计，能够优化腿部的曲线。不过毛料的裙子很容易显得老气，因此最好选择一款带有刺绣或者其他图案的小洋装作为搭配，使各种元素在混搭中体现古典与时尚的华美气质。

方案三：无袖 A 字连衣裙

搭配Tips

1. 搭配上衣。

小上衣的长度应达到腰间或者腰部以上的位置，这样会使腰身更加细长，否则就会显得上身长下身短。

紧身小衫也是 A 字裙的好搭档，上身紧下面稍松的装扮既能隐藏下身的缺点，又能突出上身的优势，为都市街头增添一道亮丽风景。

大衣和毛衣同样也能够让 A 字裙更加出彩。大衣的长度不要超过裙子，留出一点裙边效果更好；圆领或者 V 字领的毛衣比高领的毛衣更加适合 A 字裙，再搭配一条合适的围巾，展现优雅的气质，舒适又性感。

此外，上衣的面料也应当多加重视，挺括的面料能够与裙子形成对比，可以令腰部与腿部的曲线完美呈现。

2. 搭配鞋子

平底鞋搭配 A 字裙，仿佛芭蕾舞者，举手投足充满了高贵优雅的气质。

高跟鞋搭配 A 字裙，能够将腿部线条修饰得更美，使姿态更加挺拔。

靴子搭配 A 字裙，如果裙子的长度是在膝盖之上，那么靴子的高度最好在膝盖下 3 厘米左右，如果刚好卡在小腿中间不仅不美观，还会显出萝卜腿。

3. 搭配袜子。无论是网眼袜还是丝袜都能将双腿衬托得娴静、俏丽或者性感，与 A 字裙一同演绎职场上的动人风情。

4. 剪裁简洁的A字裙能够平整地包裹臀部，而后面有褶皱的裙子会使臀部显得格外臃肿。

铅笔裙：打造绚丽的春季风情

关键词：

紧身　瘦身　曲线

铅笔裙宣言：

铅笔裙有着好看的外形，能够将一切包裹在里面，不会增加额外的体积感。虽然面对的女性群体局限性较大，可是这一主题在数十年来仍然久唱不衰。尤其对于职场的 OL 一族，一件铅笔裙配以衬衫的造型，不仅能塑造如同沙漏一般的好身材，而且能树立干练、利落的好形象。

铅笔裙的局限性较大，对身材的要求极高，所以并不是所有的女性都适合穿着。如果你的身材既高挑又纤瘦，那么就不要犹豫，铅笔裙绝对是能够展现你身材所有优点的绝佳单品。

搭配方案：

方案一：浅粉色铅笔短裙 + 白色碎花坎袖衫 + 高跟凉鞋

方案二：金色缎带铅笔裙 + 白色高领针织衫 + 珍珠项链

铅笔裙的款式本身比较简单，穿着时需要在上身作一些修饰，波浪形的黄色丝绸缎带具有独特的流线型设计，与铅笔裙搭配显得灵动而优雅，再搭配一件白色高领针织衫，更显得精神抖擞。如果想要再添点女人味，就选择一串长长的珍珠项链吧，晶莹剔透的珍珠能够让你充满妩媚风情。

方案三：红色铅笔裙 + 褶皱淑女衬衫 + 黑色圆头船鞋

高腰铅笔裙与淑女衬衫的搭配是典型的ＯＬ造型，非常适合上班族，优雅而具有亲和力。在腰间装饰一条红色的宽腰带不仅使女性显得性感时尚，而且让纤细的腰部成为视觉重点。不过红色的腰带在办公室里有些抢眼，最好在衬衫的衣领处系一个蝴蝶结，这样就可以让红色不再那么刺眼，还能为衬衫做一些点缀，使整体形象更端庄得体。

搭配Tips

1. 搭配衬衫。

衬衫是提升铅笔裙气质的关键因素。摆脱了秋冬的臃肿，在春夏当然要以合身贴体为主。无论是宽松的衬衫还是收腰的款式，与铅笔裙搭配都如鱼得水。如果衬衫过于宽松，不妨用一条腰带作为过渡，腰带既能起到装饰的作用，又可以修饰身材。

2. 搭配丝袜

丝袜能够与铅笔裙巧妙地融为一体，使双腿显得更长，无论是透明的丝袜还是彩色丝袜，质感都应当与裙子的面料相符，颜色也应当形成统一，过于突兀的色彩和材质的对比会令整套装扮失去平衡。

3. 搭配鞋子

铅笔裙要搭配适合的高跟鞋，才能达到体现身体曲线的效果。将过于强调身体曲线的铅笔裙与平底鞋搭配，会将美妙的身材埋没，如果穿不惯高跟鞋，略带一点跟的鞋子也是一种退而求其次的选择。

4. 在细节处做文章。

铅笔裙的款式一般都简洁利落，想要穿出华贵、时尚、另类的味道，不妨在细节处做文章。不同面料的运用能够让铅笔裙闪现出不同的光彩，例如：绸缎如水倾泻，面料的反光加暗光的效果可以很好地避免粗腿的暴露；牛仔布硬朗不失帅气，略微发旧的色彩又带来怀旧的意味。如果想要更时尚一些，不妨选择亮片、珠片、印花以及绚丽颜色等元素来加以装饰。

5. 铅笔裙的长度以到膝盖或者膝盖以上3~5厘米的位置为宜，这种长度能使腿部显得更加修长。

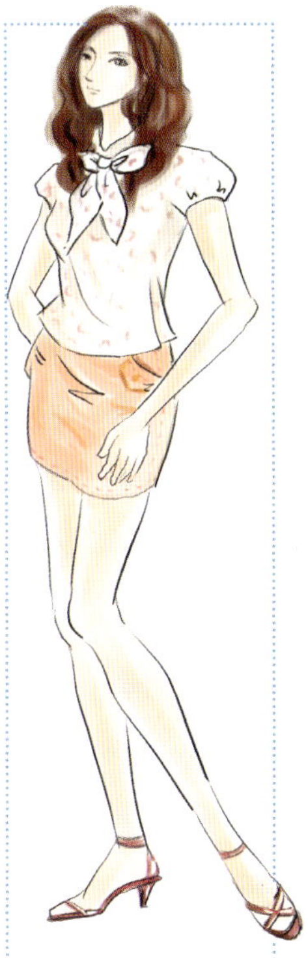

碎花半透明的小衫让你在夏季更加柔美，与清爽的浅粉色铅笔裙搭配，独具甜美风范；腰下的口袋设计与蝴蝶结衣领相呼应，突出少女气质。想要再加一些成熟的味道，一双高跟凉鞋是点睛的配饰，绽放出优雅的美丽。

吊带裙 ：穿出性感好身材

□圆点图案充满了浪漫气息，异常甜美；低胸设计更出性感的一面，加上一件白色T恤就不用担心春光外泄啦，圆点图案还能使胸部显得丰满，而紧腿裤的加入使整体多了层次感，保准让你俘获他的心。

□复古并不是过时，它隐藏在时尚的角落里伺机而动，等待复出的机会。这款优雅高贵的连衣裙与黑色复古裙不同，咖啡色的吊带裙显得更具时尚感，实用性也更强，一字领和绣着金线的图案让气质形象大放异彩。

关键词：

感性　性感　俏丽

吊带裙宣言：

吊带裙是最能代表夏天的一种款式，细细的带子，飘逸的裙摆，轻柔的面料，能够完美的勾勒出身体的曲线。

喜欢穿吊带裙的女孩子们，往往都厌倦了紧密包裹的装束，向往将自己的年轻与性感尽情释放。这种释放并不是无度的，裸露得恰到好处的肩膀，小巧的锁骨，白皙的肌肤，配上一件蕾丝、雪纺或者纯棉的吊带短裙，就能够尽情展示出最妩媚的青春，制造出惊心动魄的性感与感性的双重效果。

搭配方案 ：

方案一：高腰圆点吊带裙＋白色T恤＋黑色紧腿裤

方案二：咖啡色金线吊带裙

方案三：工装吊带裙＋红色半透明衬衫

工装吊带短裙打破了传统吊带裙的性感规则，与红色衬衫搭配出孩子气的可爱，不管是凉鞋还是帆布鞋，都是非常应景的搭配。这套搭配的与众不同还在于细节处的设计，例如：衬衫采用的是半透明的面料，裙子上缀有金属扣与拉链，这些装饰物能够为女性增添另类的摇滚风格，再搭配一个复古的发型，一定会让你的回头率达到百分之百。

搭配Tips

1. 宽窄合适的带子能够让肩膀更加美丽，带子如果过于纤细就会造成视觉比例不协调，还会勒出不美观的痕迹。

2. 吊带裙的领口不宜过低，尤其是深V字领的款式更是平胸女孩的禁忌，小心松垮的领口会放大胸部的缺陷，还有可能将内衣暴露在外。

想要胸部显得丰满，不妨在胸口处用蕾丝边或者圆点图案作为修饰，产生膨胀胸部的神奇效果。

3. 与内衣搭配。

内衣的选择非常重要，一件合身的内衣不仅能够塑造完美的胸部曲线，而且能防止腋下赘肉堆积，不过，对于女孩来说最尴尬莫过于内衣带子外露，千万要注意哦！

4. 裙长是吊带裙能否穿得出彩的关键，一般来说，裙长以到膝盖上5厘米为限，过短会显得轻浮，不庄重，有“风尘”的味道。

5. 与上衣搭配。吊带裙既可以单独穿着，也可以搭配上衣。

低胸吊带容易暴露出胸部的不完美，用大V字领的长宽外衣来搭配，能够包裹出饱满的胸部，令曲线更加挺拔。不过短款外衣却正好起到相反的作用，令视觉效果上移，放大胸部的缺点。

如果担心走光，还可以在吊带裙中穿一件小T恤，款式和面料以舒适为主，注意颜色应当与裙子相搭配才行。

花苞裙 ：美丽绽放的另类律动

关键词：

另类　绽放

花苞裙宣言：

谁说女人如水？那轻柔缠绵、柔弱无骨的气质已经不再是女性的最爱，如同花一样绽放的年华才是心底一个难解的情结。花苞裙就是女人对花朵喜爱的证据，无需张扬绽放的美丽，只需一丝若隐若现的性感和羞涩的含情脉脉，便可令人遐想联翩；哪怕只是昙花一现，也定要让余香沁人心脾。

搭配方案：

方案一：格子连衣花苞裙＋白色针织衫＋针织长外套

连衣裙与白色长外套、白色针织衫搭配，散发着浓浓的淑女气息，不过简单的裙摆会使你显得有些平凡，最好的方法就是将裙摆做成花苞款式，然后再选择黑白格子的图案作为点缀，黑白格子的对比会让你在娴雅的同时增添些许摩登和可爱的气息。

方案二：灰色花苞裙＋珍珠色衬衫＋白色夹克

时髦的珍珠色衬衫搭配腰带款式的灰色花苞裙，能产生轻松可爱的视觉效果，搭配一件设计别致的白色夹克又能增添悠闲的感觉。这身打扮可以让你在逛街时也能显得与众不同。

方案三：灰黑色长袖连身花苞裙＋金属腰带＋佩饰

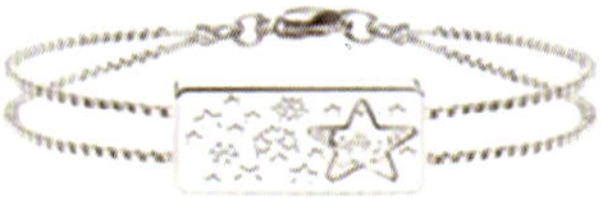

搭配Tips

1. 花苞裙是从腰部开始膨胀，然后在膝盖处收紧，是下身肥胖女性的最佳伴侣。丰满的裙摆和细腻的褶皱能够将丰满的大腿和臀部巧妙地遮住，如果想要突出腰身，不妨选择几款漂亮的皮带为造型增添亮点。

2. 挺括十足的花苞裙能够让美丽绽放得更加精彩，因此在面料选择上应当讲究，一些质地过于柔软的花苞裙无法产生蓬松的感觉，反而会贴在腿上造成身体变形。

3. 花苞裙的长度不宜过膝，否则就显得琐碎凌乱，并失去利落感。上身的服装可以任意搭配，但也应当以利落、线条感为主。

4. 高跟鞋和靴子是提升形象的关键，轻盈的材质与适当的高度能够减轻花苞裙带来的分量感，使下身更加轻盈。

□一件黑色长裙是喜欢走神秘、魅惑路线女子的秋冬首选摩登装扮，将长裙换成花苞裙，再配以金属腰带和夸张的银质饰物，又立刻能将神秘风情变成优雅写意，从而拉近与他人的距离。

牛仔裙：百变女郎的魔法道具

关键词：

西部　粗犷　帅气

牛仔裙宣言：

虽然一年四季皆宜的牛仔裙在众人眼里缺少个性，但是对于真正时尚的女性来说，牛仔裙却是美丽 PK 的必胜武器。牛仔裙就像是一个拥有双重性格的气质美女，将牛仔布的粗犷与裙装的妩媚融为一体，形成新的、属于自己的独特个性，这种个性就是令牛仔裙自诞生起就从未退出时尚舞台的关键所在。

如今，牛仔裙的色彩和款式也不仅仅局限于传统的蓝色和直筒，越来越多的款式让个性女孩们有了更多的选择。不管你是不是热爱裙装的人，相信我，一条牛仔裙会令你的生活更加灿烂。

搭配方案：

方案一：牛仔短裙＋白色娃娃背心

性感的牛仔短裙是炎热夏天的首选，搭配娇美可人的白色娃娃背心则更可突出活泼感觉。注意，背心的衣襟不要太紧身，略微宽松一些才能使牛仔裙多一些层次感。

方案二：牛仔塔裙＋宽腰带＋高跟凉鞋

方案三：牛仔短裙＋T 恤＋金色腰带

蓝色牛仔裙，白色 T 恤，这身打扮再平凡不过，但是搭配一条金色宽腰带就多了几分新颖。金色的腰带质感十足，只有与牛仔裙“合作”才能同时穿出妩媚与帅气。

□想要穿出淑女的感觉，或许牛仔裙能助你一臂之力，柔软的面料减少了身体的僵硬感，层叠绽放的裙摆塑形感十足，腰间的皮带又勾勒出身体的线条，让这款牛仔裙的视觉效果更加突出，再配以一双高跟鞋，让你的身姿更显窈窕。

搭配 Tips

1. 牛仔裙穿起来固然帅气硬挺，不过缺少了女性的柔媚之感，所以要在其他方面做些点缀，来“弱化”牛仔裙的阳刚之气。丝袜、彩色长棉袜是提升牛仔裙魅力的一个要素，在袜子的衬托下，牛仔裙给双腿带来的单调感就会一扫而空。

2. 帆布鞋已经不能再继续“霸占”牛仔裙了，如今可爱的糖果平底鞋、优雅的圆头高跟鞋、性感的系带凉鞋以及帅气的靴子都成了牛仔裙的最佳伴侣，不同的款式能够搭配出不同的精彩效果。

3. 牛仔裙宜短不宜长，尤其是面料较硬的牛仔裙会限制双腿的自由，令行走十分不方便。不过柔软的牛仔布料就不同了，它不仅能让你行走如风，更可穿出大气、潇洒的气质。

4. 少许的绣花图案、精致的蝴蝶结、裙口袋都是令牛仔裙出彩的小细节，不过对于臀部较为丰满的女性来说，牛仔裙的口袋还是“舍弃”为妙，它只会令臀部显得更加臃肿。

5. 牛仔裙与上装搭配通常以休闲为主，针织衫、T 恤、背心、吊带、毛衣，怎么轻松舒适怎么来。但是上装的颜色一定要鲜艳，这样才能衬托出牛仔裙的青春活力。此外，上衣的长度以刚好到达腰部为宜。

蓬蓬裙：美丽优雅的极致

关键词：

优雅　美丽

蓬蓬裙宣言：

有着美丽轮廓的蓬蓬裙永远不会像铅笔裙那样成为身体的独裁者。蓬蓬裙那优雅的轮廓，甜蜜的色彩，蓬松的质感，是许多女孩狂爱它的唯一理由。与铅笔裙紧绷、包裹臀部相比，蓬蓬裙能够给身体带来舒适、憧憬以及棉花糖一般的幸福感，不管是蕾丝、褶皱、流苏，还是一层层的荷叶边，都能够将女孩所有的梦想包容其中，并且用另一种更为优雅的形式展现女孩摇曳生姿的美丽。

搭配方案：

方案一：黑色蓬蓬裙 + 圆领碎花短袖衫

方案二：紫色蓬蓬裙 + 黑色高领短袖衫 + 黑色长靴

紫色的蓬蓬裙浪漫有如芭蕾舞女一般摇曳生姿，层层迭起的裙边犹如海浪一般深邃，这样的裙子搭配一件黑色的高领上衣，再配以一双流行的高筒系带长靴，立刻就将慵懒风情变得华丽优雅。

方案三：白色蓬蓬裙 + 高跟凉鞋

闪亮的白色蓬蓬裙如蛋糕上的奶油，滑腻甜美，特别设计的收腰款式和蓬松的下摆将身体的曲线尽情勾勒，散发着清新的气息。如果再搭配一双白色高跟凉鞋，更能使双腿的线条笔直流畅，想不引人注目都很难。

口黑底碎花圆领衫看起来艳丽又典雅，是上班的首选，搭配俏皮的蓬蓬裙则突出了身体的柔美感，在裙摆处垂下的白色流苏加深了摩登气息，就连上身的艳丽也无法与之匹敌。

搭配Tips

1. 蓬蓬的圆摆裙具有特殊的视觉效果，并不是所有女性都适合穿着。如果身材和年龄让你被迫远离大蓬裙，那么选择一款简洁的蓬蓬裙也是一种折衷的方法。例如，高腰蓬蓬裙或者在裙摆加一条荷叶边，也能产生蓬松的效果。

2. 蓬蓬裙的面料选择很重要，丰满的女性最好选择质感和垂感较好的面料来增加裙子的塑型效果，丝纱材质的蓬蓬裙还是不穿为妙，以免使自己看起来更加丰满。

3. 下身比较丰满的女性不宜穿具有散光效果的蓬蓬裙，如绸缎质地等，选择一些吸光的材料会让下身显得瘦一些。

4. 除了深色会让身体看起来苗条外，明度和色调均偏暗的浅色也能产生相同的效果。

5. 与上衣的搭配应当长短错落有致，上衣的长度不宜与裙子一样长。如果是短款蓬蓬裙，上衣的长度宜过臀部，将裙摆露出即可；如果是长款且低腰的裙子，可选择短款的上衣，露脐装、吊带衫、小马甲都是好搭档。

6. 如果膝盖不够漂亮，选择一款蓬蓬裙就能够将膝盖巧妙地遮住；如果还想增加小腿的长度，再搭配一双粗跟高跟鞋就能够将小腿曲线完美凸现。

娃娃裙：
不想长大的梦想

关键词：

可爱　乖巧

娃娃裙宣言：

喜爱娃娃裙的女人，总会有这样一个小小的梦想，不再长大，不再变老，让时间就停留在这一瞬间。可是梦想中就只能是梦想，容易受伤的女孩只能在娃娃裙中找到贴心的呵护。看惯了性感的迷你裙，看腻了冷冰冰的铅笔裙，这个童话之梦来得恰到好处，泡泡纱的袖子、宽松的裙摆、糖果的颜色，能够让你精致如公主。

搭配方案：

方案一：绿色娃娃裙＋黑色高跟鞋

鲜绿色的裙子是森林的精灵，为了避免绿色过于暗淡，最好在腰间、袖口用绿色的绸缎作为点缀，这样做除了可以增加娃娃裙的光泽感，还能突出女性高雅的气质。此时再搭配其他首饰未免有些多余，最好的方法就是穿上一双黑色高跟鞋，它能够为可爱的你增添些许性感与摩登。

方案二：蓝黑色娃娃裙＋银色船鞋＋白色小皮包

方案三：白色花朵娃娃裙＋红灰平底船鞋

□蓝黑色娃娃裙与白色绸缎腰带的搭配清爽干净，在一行一停间令裙摆摇曳多姿，可爱得不得了，素雅的蓝灰色领口与裙子搭配干净利落，更体现时尚韵味。

素雅的娃娃裙不受年龄的限制，给人一种永远青春的感觉。不过一成不变的圆领设计很容易将你埋没在人群中。为了突出个性，不妨选择一款大方领娃娃裙，这样可以将你性感的脖颈和锁骨露出，又透出娇媚与可爱。此外，裙子最好选择收腰以及散裙摆的设计，它们能够让丰满的你玲珑有致而不臃肿。

搭配Tips

1. 将娃娃裙当作上衣穿，不失为一个混搭的好方法，配上七分袜裤和可爱的糖果色平底鞋，即使上班也大可放心地穿。如果臀部较丰满，那就要放弃袜裤，改穿牛仔裤和高跟鞋。

2. 娃娃裙的长度很关键，除非正值青春年华，否则不要穿得太短，以免有“扮嫩”

的嫌疑。裙摆在膝盖以上的娃娃裙最好当作上衣穿，如果执意要将美腿露出，千万要记得这样一条原则：裙摆越短，领口就要相应增高，让焦点只集中在一处。

3．宽松的娃娃装对身材的要求并没有想象那样松，想要穿好娃娃裙还是要有一点胸部才行，如果上下一样粗，再配上宽松的娃娃裙就更加臃肿了。

4．上身宽松、下身紧贴的造型会使身材看起来更加修长，而上下一样宽松令人看上去像一个"小腹婆"，所以不要在娃娃裙中搭配一件宽松的裙子或者裤子。一条袜裤或者一条紧腿牛仔裤才是最好的选择。

5．宽松的娃娃裙虽然可以掩盖小肚子，却容易被误认为是孕妇装，所以最好在胸部下方系一条腰带，制造出一点曲线美。

百褶裙：演绎婉约的美

关键词：

婉约　精致　飘逸

百褶裙宣言：

没有性感热辣的红色气质，也没有优雅华贵的紫色年华，却始终让人感觉到一种温婉端庄的美，就像是远远的那个身影，虽然不曾回头，却能够从背影中感受到悄无声息又动人心魄的美丽。

搭配方案：

方案一：灰色毛料百褶裙＋咖啡色上衣＋土黄色半袖长马甲＋靴子

想要在冬天穿出不一样的感觉，不妨选择一款毛料百褶裙。灰色的百褶裙沉稳而不失活泼，搭配一件针织衫和半袖马甲，就能够穿出宽松舒适的风格，而且十分有形。

方案二：红色真丝百褶裙＋白色上衣＋白色丝袜

方案三：粉色无袖连衣褶裙

粉色能将肌肤衬托得十分娇嫩，如果将其大面积地运用在连衣裙上就更加完美。不过，大面积的粉红色很容易使人视觉疲劳，最好在细节处进行调和，例如：选择一条百褶裙，褶皱的裙摆能够增加色彩的层次感，同时产生明暗对比，让裙子更富有动感青春的魅力。

□真丝的百褶裙不仅飘逸柔美而且非常舒服，虽然色彩过于热烈，不过有了白色衬衫和丝袜的中和，就能将脸色衬托出红润的光彩。如果正要去约会，这一脸的幸福表情一定能感动心中的他。

搭配Tips

1. 紧腿袜裤是必不可少的，一件百褶裙加上一双紧腿袜裤，能够遮掩过粗或者过短的腿，为装扮增添一抹亮丽。

2. 将同色的外套、裙子、袜子搭配，摇曳生姿的裙摆能够遮掩腿部的缺陷，裙摆与袜子的留白可令视线远离膝盖下方，削弱小腿不直的缺陷。

3. 百褶裙并不是臀部丰满者的好朋友，堆积的褶皱会令下身看起来更加丰腴。

4. 百褶裙是很容易搭配的款式，相同的裙子搭配不同的外衣，能制造出不同的效果。

（1）与短袖针织衫搭配，可穿出典雅与秀丽，项链、皮包、蝴蝶结等饰物的点缀，更独具夏日最佳人气。

（2）与短袖收腰衬衫搭配，可穿出极具亲和力的形象，能够让人显得亲切又干练，最适合职业女性穿着。

（3）与吊带小衫搭配，既亮丽又活泼，能够穿出最细腻的精致感。

（4）与真丝上衣搭配，轻盈优美，再加上荷叶镶边，更能衬出淑女的气质。

（5）与T恤搭配，穿出青春无敌的气息，再配上一双棉袜和帆布鞋，更是无人能挡！

孕妇裙 ：爱美无罪，孕妇也时尚

□双色高腰孕妇裙和白色针织衫将女性身材映衬精致小巧，仿佛可以握在手心细细呵护；半敞的小V字领引出风光无限，与白色的高领针织衫完美地融为一体，将心底的幸福感慢慢逸出。

关键词：

母性　舒适　大方

孕妇裙宣言：

谁说孕妇就只能穿单调的衣服？谁说失去了玲珑的身材就一定要放弃对美丽的追求？即使再丰腴的身体也能在母性的光环笼罩下闪现出动人的光彩。其实，孕妇装并非只是为了遮掩大肚皮，在时装化的影响下已经有了很大变化，让女性在怀孕时也能穿出时尚与流行的感觉。

搭配方案 ：

方案一：菱格孕妇短裙+黑色长袖衫+黑色宽腰袜裤

孕妇装的特点就是宽松适宜，不过并非不强调身材，越是怀孕的女性越应当重视自己的形象。选择一款带有小菱格的孕妇裙能够收缩丰腴的腰身，颜色则最好选择典雅的色调，如深蓝色。同时，还可以搭配一件黑色长袖衫和黑色宽腰袜裤，从视觉上使孕妇显得不再臃肿。

方案二：高腰娃娃孕妇裙+高领针织衫

搭配Tips

1. 色彩搭配

以赏心悦目的柔和色彩为主，如绿色、天蓝色、明黄色、浅粉色，这些柔和的颜色还能安抚孕妇过于敏感的神经，帮助她们缓和情绪。

2. 样式搭配

裙子的腹部和腰部应当具有较好的弹性，千万不要让束缚感影响到孕妇的舒适与胎儿的健康。

如果是短裙与短裤的组合，还要在短裤的腰腹部、腿部有开口、松紧等的设计，可满足孕妇身体的变化，也方便穿脱。

一条华贵的羊绒长裙能够使女性在怀孕中也显得华贵无比，略微宽松的腰身，露出酥胸的V

字领在透气的同时，还能增添性感的元素。

高腰裙或者娃娃裙能够提升腰线的位置，让视线避开腰腹部最丰满的部位，降低了肚子的“海拔”。

3. 面料选择

孕妇裙的面料以轻薄的纯棉、麻类、针织等天然面料为主，舒适随身、透气性好的裙子能够让孕妇不论在哪里，都像待在家里一样舒服。

4. 图案选择

斜条纹、小圆点、菱格图案的裙子能够使孕妇看起来不再过于丰腴，交错的图案还能制造视觉错觉感，使肚子看起来也没那么显眼了。

5. 鞋子选择

时尚的孕妇装可以搭配略带坡跟的软皮凉鞋或者平底鞋，与裙子的中性色不同，鞋子的颜色就没那么多讲究了，只要与裙子相配怎么鲜艳都可以。

6 “涂色”女郎：肤色与裙色的双重协调

俗话说：“三分颜色，七分打扮”，肤色对于女性来说确实重要，靓丽的容颜能够提升美丽的气质。但是倘若与服饰搭配不当，即使是白皙的肌肤穿上华贵的衣裙也可能会黯然失色。相反，发黄的、偏黑的肤色搭配得当的衣裙，却能够将“三分”的颜色，靠“七分”的打扮变成十分的美丽。

百变应对巧搭配 ：白皙穿什么都好看

肌肤印象：

白皙的肌肤谁不想拥有，在很多人眼里，“白色”不仅是纯洁的象征，更是美丽的代表，不管气质如何，不管五官是否端正，只要拥有了白皙的肌肤就能够将美丽尽揽怀中。可是很多时候，白色也会与“苍白”、“不健康”、“缺少血色”等字眼联系在一起。尤其是对于形体消瘦、面色不佳的人来说，尽管皮肤白得令人“羡慕”，可是很容易给人留下不健康的印象，如果再穿错了衣服，那就更是“雪上加霜”。

色彩搭配方案

1. 天蓝色——艳丽与纯净的结合

当大海抚过肌肤的表面，带来的是朦胧的美丽，澄清的海水将肌肤冲洗干净，留下的是无限的眷恋。天蓝色正如同大海一般，将白皙的肌肤映衬在海底，隐隐地闪着魅惑的光芒，深邃而又优雅。

搭配方案 ：

方案一：天蓝色背带裙 + 白色饰物

全身上下只有简单的两种颜色显得格外纯净自然，饰有白色扣子和腰带的天蓝色背带裙能够使肌肤在白皙中透出闪亮的光泽，蓝与白相间的色彩既跳跃又能够使色彩产生阴影，使脸部的立体感更强。

方案二：天蓝色长裙 + 绿色上衣 + 乳白色珍珠项链

方案三：天蓝色纱裙 + 浅粉色吊带衫

天蓝色最大的优点就是看上去使人显得轻盈靓丽，为了使这种轻盈感能够得到充分的诠释，最好选择纱质的面料，半透明的质地能够使裙子看上去更显立体感与活泼感；再搭配一件浅粉色的吊带衫，还能够减少夏季带来的炎热感，令你倍感清爽。此外，浅粉色吊带衫的另一个优点就是能够起到中和的作用，它可以中和蓝色的“冷”，让色彩的过渡更加自然。

2. 黑色——打破沉闷的规则

白色与黑色的经典搭配已经没有人再去怀疑，白色象征雪一般的纯洁，黑色代表夜一样的深邃，将纯洁与深邃完美的融合在一起，能够让女性焕发出高贵、大方、庄重的摄人气质。白色的肌肤也是如此，没有了强烈的对比，再白皙的肌肤也像一潭死水没有生气，一旦有了黑色的衬托，立刻“活”起来，肌肤也会变得明亮宜人。

搭配方案 ：

方案一：黑色连衣裙 + 米黄色图案

方案二：黑色长裙 + 金色上衣

黑色的长裙最能显示身材曲线，金色的上衣能够突出个人的优雅与时尚气质，将二者搭配在一起可以使女性同时拥有完美的气质与身材，更重要的是当二者的色彩融为一体时还能够将肌肤映衬出动人的光彩。

方案三：黑色及膝裙 + 灰色小外套

黑色的及膝裙通常显得比较稳重含蓄，因此最好在面料上做文章。为了使肌肤既能白皙又具有光泽感，最好选择绸缎质地的黑裙，搭配一件灰色的小外套，这样的搭配能够使肤色显得柔和，不那么苍白。此外，为了强调面部的线条，还可以在胸前系一个蝴蝶结，它起到分散黑色的作用，还可以增强脸部轮廓感。

3. 柠檬黄——比太阳更加耀眼

夏季里五彩斑斓并不新鲜，可是在“不见天日”的秋冬季节，你是否会怀念阳光的味道？对于追求色彩美丽的女性，柠檬黄就像是秋天里的第一缕阳光，夺目但不刺眼，活泼但不轻浮，在一片“黑、白、灰”的世界里，柠檬黄抓住了青春的“尾巴”，趁机将所有的美丽全部释放。

搭配方案：

方案一：柠檬黄荷叶裙＋绿色腰带

柠檬黄荷叶裙能够使女孩的甜美指数一升再升，不过大面积运用柠檬黄会显得有些刺眼，因此最好搭配一条绿色腰带作为修饰，将人们的注意力适当分散。为了使绿色腰带与裙子的搭配更加自然，在裙摆处最好也用绿色作为装饰，可以起到平衡色彩感的作用。

方案二：柠檬黄裙子＋橘红色上衣＋黑色腰带

明快的柠檬黄裙子与橘红色的上衣搭配，能够中和橘红色的“暗”，起到提亮肤色的作用，而且柠檬黄与橘红色搭配在一起还可以柔化肌肤，给人以舒适柔和的感觉。为了让色彩过渡得更加自然，最好再搭配一条“百搭”的黑色腰带，它能够将肌肤的色调衬得更加均匀。

方案三：黄色高腰裙＋青色项链

□蓝色和绿色同为冷色系，虽说显得比较“冷淡”，裙子的色彩渐变却又增加了视觉的扩散感，不但不会太过冷清，反而变得更加热闹，再搭配一串乳白色的珍珠项链，更显肌肤晶莹剔透。

□款式简洁的黑色及膝裙庄重大方，在米黄色盘龙图案的映衬下显得格外活泼，虽然没有第三种颜色对整体进行色彩的提亮，可是新颖的图案和复古的风情能够将黑色衬托得更加摩登，这才是真正的画龙点睛！

□将款式简单的高腰连衣裙作为夏天的开场白，用裙摆的五彩线条勾勒出彩虹的童趣；明亮的柠檬黄是最有资格冲击夏天的颜色，大胆地将其作为主色调能够展现热辣女孩的另一面，一串青色的项链系在白嫩的脖颈上，在柔和裙子色彩的同时，又让脸蛋看起来白里透红。

色彩Tips

1. 宜搭配颜色

色彩明亮的浅色系是皮肤白皙女性的最好搭档，尤其是黄色系和蓝色系，更能将白皙的皮肤渲染得明艳动人。皮肤白皙的女性不妨选择浅橙、浅棕、玫瑰红、明黄、天蓝等浅色系以及黑、红等色彩对比强烈的裙子，这些色彩能够使肌肤不仅雪白透亮，而且更有光泽，富有立体感。

2. 忌搭配颜色

白皙的皮肤一般没有禁忌的色彩，只需要注意一点，尽量少穿大面积冷色调的服装，如果要穿，不妨搭配一些暖色调作为调和，以免肌肤看起来过于苍白。

改头换颜巧搭配 ：绝对不做黄脸婆

肌肤印象：

即使无法拥有白皙的肌肤，也绝对不要做一个“黄脸婆”，这是每一个女性最大的心声，可是作为东方女性来说，偏黄的肤色是天然生成的，不管怎么涂粉底、做漂白，也只是让脸色看起来黄里发白，根本无法达到健康的白皙。尤其是身体欠佳导致面色萎黄、肤色暗淡时，泛“黄”的肤色就更加明显了。

色彩搭配方案：

1. 酒红色——如斯的情怀

鲜艳的红色令人窒息，在红色中加入一点深蓝，多了一分沉静与内敛，这就是酒红色带来的全新感受。对于肤色偏黄的女性，缺少了奔放与热烈的酒红色对晦暗的肤色的镇静作用，使原本平坦的脸部也因此变得活泼起来。

搭配方案 ：

方案一：酒红色长裙＋黑色领花＋金色项链

酒红色长裙有些夺目，不过搭配一个黑色领花就显得比较柔和了。深沉的黑色与含蓄的酒红色能够将面容的“黄气”一扫而空，搭配一条金色项链能提亮面部的色彩，减少肤色的“负担”。

方案二：酒红色长裙＋黑色紧身毛衣＋青蓝色围巾

酒红色的长裙与黑色紧身毛衣搭配，显得十分高雅，给人以含蓄而又深沉的感觉。再搭配一条青蓝色的围巾，又能够与酒红色、黑色一同为肤色提升柔亮度，给人留下健康的印象。

方案三：酒红色长裙＋浅绿色马甲＋浅灰色小衫

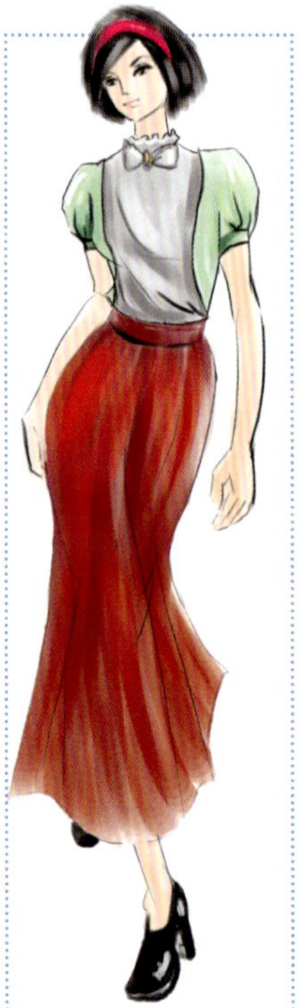

□浅灰色的蝴蝶领结虽然会令肤色显得稍暗淡，不过在激情的酒红色长裙面前却摇身变成优雅的象征，令女性看上去落落大方；长裙再搭配一件浅绿色马甲和浅灰色的小衫，更能平衡整体服装的色彩，避免亮度焦点都集中在脸上，从而增添了肤色的明亮度和透明感。

2. 淡紫色——少女的梦想

紫色的深沉与优雅是每个女性的渴望，可是紫色难以捉摸的“性格”以及时时刻刻给人带来的压迫感，令不少人裹足不前。但是浅紫色就不同了，稀释后的紫色少了几分凝重，多了几分俏皮，将肌肤映衬得活泼生动，让花季的少女青春无限。

搭配方案：

方案一：浅紫色裙子 + 湖蓝色衬衫 + 白色围巾（丝巾）

浅紫色的裙子与湖蓝色的衬衫搭配，能够让你显得更加年轻，柔软的面料与俏皮的色彩可以使肤色更加健康，给人以青春迸发的感觉，再搭配一条长长的白色围巾或者丝巾，能够让你的笑容绽放得更加美丽！

方案二：浅紫色镂花长裙 + 白色衬衫

方案三：浅紫色短裙 + 浅粉色针织无袖高领衫 + 白色外套

短裙看上去格外可爱，选择浅紫色调更显得俏皮。如果想要将可爱的风格继续延续下去，并且给肤色增添娇嫩感，最好再搭配一件浅粉色针织无袖高领衫和白色外套，不仅能够满足女孩所有“任性”的要求，还能给人一种乖巧、干净的感觉。

□白色衬衫看起来没有什么新意，在人群中毫不显眼，想要穿出个性，还需要在裙子上做好文章。将紫色镂花长裙与白色衬衫搭配，青春中透着优雅的气质，如果再配上一个镶着紫边的手袋，就能使色彩过渡得更加自然。

□白色与粉红色的组合比较保守，但是在白色的背心上点缀的花朵却令色彩的过渡有了更自然的感觉，再配上一串柔和的珍珠项链，便能让美丽透过肌肤展现出自我个性，在众人面前演绎可爱清新的少女风。

3. 粉红色——打造梦幻的乐园

在女孩的眼里，粉红色就像是一支棉花糖，柔软蓬松，不论在哪个季节都能带来一阵轻柔的微风；在女人的眼里，粉红色是一曲不曾奏完的乐曲，时时刻刻唱响着女人未曾了却的梦想。粉红色就像是一个梦幻中的乐园，在这里任何奇迹都可能发生，不信看一下镜子中的你，是否娇艳如花。

搭配方案：

方案一：粉红色及膝裙 + 白色背心

方案二：粉红色花边裙 + 浅蓝色休闲 T 恤 + 红色雨伞

粉红色的花边裙搭配浅蓝色的休闲T恤，会让你的肤色格外明亮，无论是出门逛街还是居家休闲都以最佳状态出现在众人面前。如果想要自己显得更加“热情”一些，还可以拎一把鲜红的雨伞，它是赢得回头率的保证，因为娇媚的少女也有火辣的一面！

方案三：粉红色长裙+白色手袋

粉红色的长裙能够将少女细瓷般柔化的肌肤完美地显现出来，如果选择一款质感轻柔的裙子还能带来些许飘逸。为了配合粉红色长裙，最好再拎一个白色手袋，白色的手袋与粉红色的裙摆能够让露出的小腿更显白皙。

色彩Tips

1. 宜搭配颜色

作为暖色调的偏黄肌肤宜搭配浅蓝、酒红、淡紫、粉红等亮丽的冷色调，这些颜色能够纠正肌肤失衡的色调，将自身的色彩反射到皮肤上，使之看上去健康明亮，且富有光彩。

2. 忌搭配颜色

深黄、绿、深紫、宝蓝、橘红、灰等对比度较大的纯色不适合偏黄肤色的女性，它们只会令肌肤看上去更加没有“精神”。

美丽重现巧搭配：黑色一样很健康

肌肤印象：

黑色虽然整体能够产生纤瘦的感觉，可是将黑色“用”在脸上就真的是“牛头不对马嘴”。皮肤偏黑的女性看上去脏兮兮的，不够利落干净，因此穿衣服也有很大的局限性，与很多漂亮的裙子只能结为“点头之交”，只可“远观”而不能穿着，活生生地将人“逼进”增白的大军中。不过各种增白的方法毕竟只是做表面功夫，费力又费钱，不如依靠服装来修饰，面子有了，美丽难道还会很远吗?

色彩搭配方案：

1．玫瑰红——摇曳女人花

比红色少了一点热烈，比粉色多了一点娇媚，这就是俏丽的玫瑰红带给女人的感觉。年轻的女孩偏爱玫瑰红，这是因为它能令自己脱离稚气的同时仍然保留一分女孩的纯真；成熟的女性偏爱玫瑰红，是因为它能让自己保留女人味的同时多一点甜美的气息；不管是天真的少女还是优雅的女性，在玫瑰红的衬托下，都能焕发出浪漫的光彩。

搭配方案：

方案一：玫瑰红连衣裙+白色花朵图案

方案二：玫瑰红套装+黑色针织衫+白色蕾丝边

玫瑰红的小西服搭配黑色针织衫显得稳重与含蓄，下身的玫瑰红短裙又能令黑色多一丝明快；想要在娇媚中呈现出温婉的气质，最好在裙子上绣一道白色的蕾丝镶边，白色的蕾丝边与玫瑰红短裙搭配能将肤色映衬得莹润剔透。

方案三：玫瑰红连衣裙+金色腰带

玫瑰红的连衣裙显得有些张扬，不过搭配金色的腰带就能充满优雅的气息。金色的腰带还能够使连衣裙在一走一摆中更加摇曳，将一双美腿衬托得绘声绘色。

□轻盈的裙摆随风舞动，将玫瑰红的裙面吹得波光闪动，没有首饰的点缀，却更加瞩目。在领口白花的映衬下，俏丽的玫瑰红又多了一分温婉娇媚的气质，并能减轻裙子的分量感，让肌肤看起来更加明亮。

2．金黄色——典雅中的感性

金黄色是明艳亮丽的颜色，比同为黄色系的橙色和橘黄色多了几分干净与温馨，从前它是帝王高贵地位的象征，而如今却是"美肤"的代言人。金黄色又是太阳的颜色，它能够将黑色均匀地扩散，减少肤色的暗晦与沉闷，因此现代的服装设计者无不将这个"黄金元素"运用在各种服饰中，裙子、皮包、项链、腰带……不管是大面积的运用还是小面积的点缀，璀璨的金黄色都能够让你的笑靥如花、动人绽放。

搭配方案：

方案一：金黄色短裙＋浅紫色圆头鞋＋浅粉色小拎包

金黄色的短裙能够突出肌肤的清新与干净，与俏丽的浅紫色圆头鞋搭配还可以将偏黑的肤色调和得更加柔和。为了使二者的色彩过渡更加自然，可以再搭配一个粉红色的小拎包，娇嫩的粉红色也能够起到分散肤色的作用，让"黑美人"的皮肤显得更加健康。

方案二：金黄色底色＋黑色线条＋白色方块

□虽然金色的运用比较多，但是恰到好处的点缀却能够呈现完全不同的效果。明亮的金黄色在黑色的映衬下变得柔和，白色的底色又令金黄色多了一丝华美的气息，这三种色彩的运用看似凌乱实则有序，更加突出肤色的健康与身体的轮廓。

3．象牙色——随和中的惬意

象牙色就是乳白色，它比白色少了一点刺眼，多了一分细腻，微微泛黄的色泽仿佛发黄的旧照片，在诉说着沉浸多年的心事和难以忘怀的往事。喜爱象牙色的女人是最懂得享受生活的，她们能够将象牙色每时每刻都用于生活中，将自己点缀得古香古色，这也正好与象牙色的"陈年老调"相契合，更显出一种清闲舒适的优雅。

搭配方案：

方案一：象牙色套装＋浅黄色衬衫＋黑色领花

象牙色的套装是知性与干练的代言人，不过配上黑色的领花显得有些突兀，如果搭配一件浅黄色的衬衫就能够使色彩过渡自然，调和偏黑的肌肤，使肤色更加柔和。

口象牙色的娃娃裙能够衬托出肌肤的红晕与白皙，与深邃而宁静的蓝色圆头鞋搭配，又充满了蓝天白云的清爽感，即使从没有见过大海的人也能体验到夏天烂漫的感觉。

色彩Tips

1. 宜搭配颜色

以明亮的浅色系为主色，如橘红、海蓝、浅绿、玫瑰红、橙等，黑、白、灰则可作为主色的调和色，使不够白皙的肤色得到柔化，看上去红艳照人。如果想让面色看上去高雅贵气，酒红色、墨绿色、金黄色、象牙色等修正肤色的颜色不能少，它们可以衬托出最健康的肤色。

2. 忌搭配颜色

色彩明度适中是肤色偏黑的女性的重要法宝，任何明度偏高或者偏低的色系都会让肌肤看起来像被乌云笼罩一般暗沉。过于花哨或者图案模糊不清的裙子，也会让肤色看起来“含糊不清”，尤其使脸部缺乏必要的线条感。

方案二：象牙色娃娃裙+蓝色圆头鞋

七月烈日巧搭配 :红嫩娇人惹人怜

肌肤印象：

站在镜子前，望着久久不散的“红云”，恐怕心头涌起的是一股子不易消散的“愁云”，红润的肌肤如同花儿一般娇嫩可人，但是如果红色失去了平衡就容易使肤色显得粗糙，乍一看就像被海风吹了几个世纪一般，这对于追求精致美丽的女性来说可是绝对的禁忌。

色彩搭配方案：

1．绿色——森林中的圆舞曲

没有一种颜色像绿色那样更靠近大自然，它是春天的象征，也是夏日的缠绵。当整个世界都被白雪与黑土覆盖时，若从地下冒出一株小草，哪怕只有一点绿痕，也能让这个世界恢复精彩和美丽。对于肤色来说，绿色也同样能够令女性大放异彩，尤其是偏红的肤色选择服装时，如果想要让自己显得夺目而不暴露肤色的缺憾，绿色就是最好的选择。

搭配方案 ：

方案一：绿色及膝裙+黑色吊带衫+白色蝴蝶结腰带

绿色的及膝裙款型十足，无论与何种配饰搭配都能够穿出风采，与黑色吊带衫搭配性感中不失青春与亮丽。想要增加一点纯净，还可以再系一条白色的蝴蝶结腰带，白色还能在黑色与绿色中间起到调和的作用。

方案二：绿色连衣裙 + 黄色图案

一身纯色的连衣裙并没有什么稀罕，可是将绿色大胆运用于全身就能够焕发出与众不同的气质。在裙子上点缀褶皱和黄色方块，不仅能够为全身营造轻松活泼之感，还可将肌肤衬托得更加健康。

方案三：绿色连衣裙 + 玫瑰红线条图案 + 蓝色线条图案

2．灰色——冷静中的性感

白色有些刺眼，黑色过于沉闷，处在中间的灰色则中和了黑与白的色调，令女性看起来更加雅致，这就是灰色的“中庸之道”。对于肤色偏红的女性而言，作为中间色的灰色能够不动声色地将肤色中和，并且保留肤色原有的红润与亮泽，使女性获得白皙肌肤的同时，又不会显出毫无血色的苍白之感。

搭配方案：

方案一：灰色纱裙 + 黑色腰带 + 乳白色领口花边

方案二：灰色连衣裙 + 红色装饰物

鲜艳的红色热烈而又奔放，不过很容易将肤色映衬得更“红”，想要为自己增加一点激情又担心影响肤色，不妨将红色作为点缀。选择一件灰色的连衣裙作为打底色，然后在袖口、衣领、裙摆处用红色的蝴蝶结、蕾丝边等饰物进行装饰，可以使红色夺目但不刺眼，更能将灰色衬托得淡雅，透出几分细腻的精致感。

方案三：灰色裙子 + 亮紫色高跟鞋

灰色的裙子不受季节的限制，能够随时随地穿出精彩。选一件中性款式的裙装显得端庄却不沉闷，妩媚又不张扬，与亮紫色高跟鞋搭配可以达到和谐完美的统一。

□将绿色包围其中、彩虹的图案围在四周，令这款裙子格外俏丽，采用裸肩式的设计更加凸显性感的一面。如此绚丽的颜色不大胆穿出去岂不可惜，好在这件裙子能够将肤色衬托得更美丽，那就不用再担心什么，走上街头尽情挥洒魅力吧！

□灰色与黑色的搭配不算新颖，不过采用纱质的面料就多了几分轻盈，裙子上自然压出的褶皱动感十足，又与沉稳的黑色形成对比，减少了足下的沉重感；而领口处的乳白色花边也起到了不可忽视的作用，它能够将灰色的淡雅与黑色的稳重“传达”到面容上，使之更加细腻柔美。

色彩Tips

1. 宜搭配颜色

黄色能够将肤色中的红色素减弱到最低，然后在黑色的映衬下突出皮肤的白皙，使肤色真正白里透红，与众不同。

乳白色和灰色等浅色系能够淡化肤色，细腻的色调更可令皮肤显得秀丽轻柔。如果与微饱和的暖色以及粉红色、绿色、蓝色等高纯度颜色搭配，还会产生更出彩的效果。

2. 忌搭配颜色

与肤色相近的颜色会加重皮肤的色调，如咖啡色、酒红色、棕色等都是令皮肤发红的“罪魁祸首”；一些纯度较低的颜色，如浅粉、浅蓝、浅黄、苹果绿等颜色同样也会放大肤色的缺陷。

7 穿出独特的气质：裙子与气质的百变魅惑

女人如水，不仅如水般缠绵柔软，也如水一般多变。如果将水注入圆桶中，水就是圆形的；将水注入方盒中，水就是方的。但是，水又是固执的，所有的人都可以改变它的形状，但却无法动摇它的内心，坚持自我，百变魅惑，这就是水的特性，也是女人的魅力所在。难怪有人这样评论女性，女人多变，多变得离奇，多变得可爱，今天的淑女在明天或许就是热辣女郎。

没有一个女人是一成不变的，这个观点从服饰上同样能够得到体现。不同风格的服装穿在不同的人身上，所产生的效果不尽相同；而同一个人穿上不同风格的服装，所体现的又是另一种风情。想要在众人面前展现你百变的魅力，根本无需劳师动众，只要将衣橱打开挑几件衣服，就能让你轻轻松松地以气质取胜。

仪态万方的优雅女人

关键词：

脱俗　高跟鞋　丝巾

风格宣言：

优雅的女人是不受年龄局限的，岁月的流逝并不会在她们脸上刻画出沧桑的痕迹，反而能将女性的独特气质充分展现，这种展现并非如潮水般汹涌，也非小溪中的涓涓细流，而是将它融入生活之中，并围绕在女人的周围，使其在不经意间散发。这种不经意的散发，注定了优雅的女人拥有独特的品位：裙子不一定华贵，但一定要合体；色彩不一定要绚丽，但一定要脱俗；款式不一定要新颖，但一定要称心。这看似简单的要求，实际上正体现了女性独具匠心的细致用心。

搭配方案：

方案一：橘红色无袖中裙＋黑色高跟凉鞋＋丝巾＋腰带

方案二：红色条纹花苞裙

方案三：黑白格裙＋灰色大衣＋翻毛短靴

深灰色的大衣能够让优雅瞬间升级，与若隐若现的裙子和翻毛的短靴搭配又能提升整体的层次感，给人留下既严肃又摩登的感觉。在色彩的选择上，灰色与黑色的搭配显得十分复古，将女人的妩媚尽情绽放，看上去既不会太性感又不会太保守。

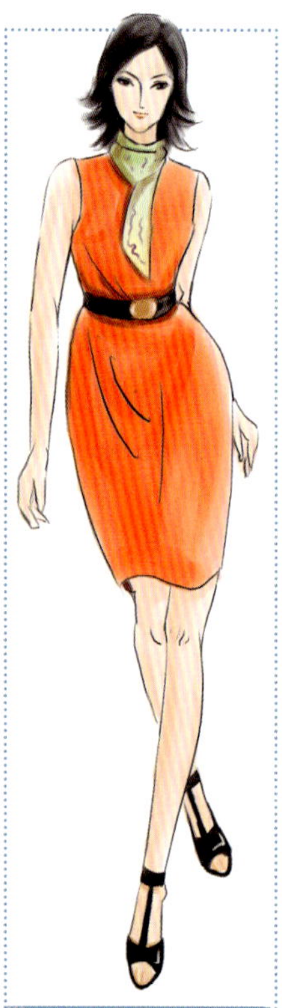

□裙子的款式虽然没有太大的特点，却能显出一目了然的简单优雅，紧贴身体的裙装在视觉上呈现出流畅的线条，腰带和丝巾的运用则迎合了女性优雅的要求。除了大面积的橘红色外，黑色线条的运用也格外出彩，尤其选择这样一双简单的高跟鞋，更能营造出风情万种的美丽。

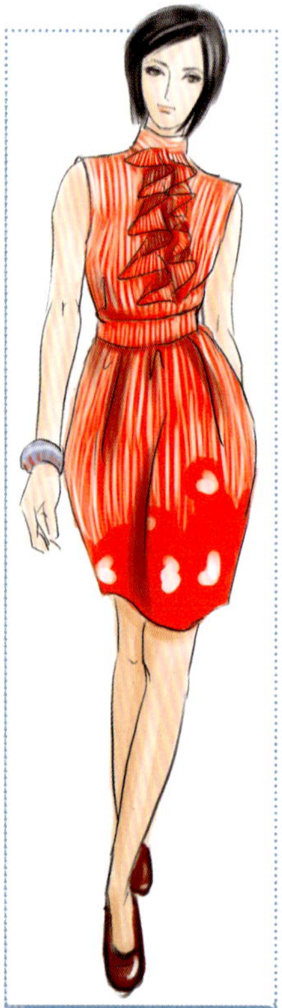

□褶皱的衣领自然散落，与细条纹图案浑然一体的同时，又独显魅力，这令原本就高贵感十足的裙装看起来更加典雅端庄，略微收口的花苞型裙摆却让美腿若隐若现，在裙摆的映衬下尽显诱惑。

风尚Tips

1. 柔软的绸缎裙加上素雅的色彩，能够将身体包裹得更加玲珑，无论是飘逸的长裙还是及膝的短裙都能够流淌出优雅的气质。

2. 尝试在连衣裙的领口处作一些细节的装饰，一条珍珠项链，一朵领花或者一条丝巾，都能够将优雅瞬间提升为高贵，使裙色风光更加旖旎。

3. 一双半透明的丝袜在双腿间营造出朦胧的美，如果裙子的颜色比较鲜艳，那就用朴素的肤色丝袜作为点缀，它细腻的质感与双腿浑然一体，隐隐泄露出裙下难掩的妩媚。

4. 有了丝袜怎么还能少了高跟鞋，将高跟鞋与丝袜搭配在一起能够将双腿修饰得更加完美。高跟的设计能使脚跟优美地翘起，带动全身线条的舒展，显得仪态万方、亭亭玉立，更添几分优雅姿态。

可爱纯真的邻家女孩

关键词：

亮丽的色彩　甜美的笑容　可爱的裙装

风格宣言：

可爱的邻家女孩没有过多的修饰，却总能令人感受到与众不同的美丽，她们活力十足的身体散发着淡淡的糖果香气，甜甜的笑容总能让人感受到世界的宁静与纯洁，就像是一个初生的婴儿，用最纯真的眼睛看待眼前的每一个人。这种纯真正是女孩与生俱来的气质，不需要太奢华的礼服，也不用繁复的首饰，一个简单的蝴蝶结，一双糖果鞋子，一件娃娃裙，都能够将纯真与美丽演绎得精彩绝伦。

搭配方案：

方案一：白色褶裙＋粉色针织衫＋白色丝袜＋浅紫色平底鞋

乳白色的短裙与粉红色的针织衫搭配，无论是在哪个年代都不会落伍，娇媚的色调能够令无数女孩芳心大动；短裙最好选择褶皱的款式，它可以令装扮更富有立体感。如果还想再为自己添一点色彩，不妨选择一双不透明的白色丝袜和浅紫色鞋子，它们不但不会破坏裙子与上衣的完整性，还能使双腿显得更加修长。

方案二：黑色长裙 + 短款高跟鞋 + 黑色手套

方案三：花朵雪纺吊带裙 + 牛仔裤 + 白色手袋

充满亚热带风情的吊带裙在今夏掀起了一阵凉爽的风，尤其是浅色花朵的图案最能赢得少女们的青睐，无论是单穿还是搭配牛仔裤、袜裤都能衬托出女孩的可爱纯真感，再拎上一个白色的手袋，随时都可以去沙滩上走走！

风尚Tips

1. 可爱的女孩同样不能少了女人味，她们会选择另一种方式来诠释自己的美丽，清新雅致的色彩，简单透明的质感，在远离了纷繁复杂的世界之后，让身体更加无拘无束，回到原始而又纯洁的状态。

2. 粉红色是女孩衣橱里不能少的颜色，充满梦幻味道的粉红配上纯洁的白色，不管是不是处于花样年华，同样能够在甜美中尽情徘徊！

3. 一件长度刚刚好的裙子是提升可爱指数的关键所在，在膝盖上下的裙摆能够避免双腿完全暴露又不会包裹得严严实实，在被风吹起后露出一点白皙的肌肤，就能同时拥有可爱与性感。

4. 与裙子一样，一些看似无关紧要的细节，比如彩条纹袜子、糖果色的鞋子、蕾丝边的腰带或者一顶俏皮的帽子，也能将女孩点缀得很出彩。

□就算是黑色也要穿出可爱，爱美的女孩子永远不会被任何事“吓倒”，这款黑色长裙虽然略显沉重，不过镂空的蕾丝圆领却能减弱这种感觉，并散发出浓浓的复古味道，再加上一双黑色的高跟鞋和黑色半袖手套，仿佛是一位从油画中走下来的中世纪少女。

性感成熟的美丽尤物

关键词：

典雅的色调　优美的姿态

风格宣言：

有人说，成熟的女人最性感，这或许是因为她们懂得如何恰到好处地展现身体的美丽。对于女人而言，性感并非过度的裸露，有时候锁骨间的距离就能荡漾着挑逗的意味。同样，性感也不是放纵，真正“得道”的女人即使端庄挺坐，也能在举手投足间不经意地散发撩人的情怀。这种情怀既可以是华丽又不失典雅，也可以是可爱，又不失个性，就像是昙花一现，即使无人知晓，也要将余香留在人间。

搭配方案：

方案一：黑色豹纹 A 字裙 + 黑色高领针织衫 + 银色高跟鞋

方案二：浅粉色半透明雪纺裙 + 浅粉色印白花半高跟鞋

浅粉色的雪纺裙最适合春夏穿着，它柔软的质地能够散发出浓浓的女人味。为了能够将女性的柔弱感表现得淋漓尽致，最好在雪纺裙的细节处进行一些修饰，例如：做一些花边褶皱或者低胸处理以强调女性的妩媚风情。雪纺裙无论是单穿还是搭配素色的外衣都能应时，而且不会给整体形象添乱，再搭配一双同色系的半高跟鞋就更加完美了。

方案三：紫色无袖宽腰裙 + 灰色鱼嘴鞋

剪裁简单的连衣裙简洁干净，加入紫色的元素则显得高贵典雅。裙子做高腰宽带设计突出胸部轮廓的同时又将腰身向上拉伸，使双腿在摇曳的裙摆中尽显修长。如果担心 V 字形领口会泄露胸前的春光，不妨戴一条珍珠项链，在"掩护"身体的同时还能提升魅力指数。

□剪裁合身的 A 字裙呈现出独特的流线感，发光的面料与豹纹的图案更具感性魅力；想要穿出性感与优雅兼有的气质，还可以选择一件黑色的高领紧身针织衫和银色高跟鞋。黑色与金色的撞击不仅带来视觉上的震撼，还能描绘出玲珑有致的曲线，令丰满的你也能穿出性感的风范。

风尚 Tips

1. 性感的尺度并非只能用裙子的长度来衡量，无论是超短裙还是长裙都能将双腿的曲线完美勾勒，有时候保守的穿法还能显得更性感。

2. 想在性感中再加点野性的味道，不妨选择豹纹的图案，色彩斑斓但不艳俗的视感在身体上尽情游走，令人无法抵抗性感的诱惑。

3. 一条项链必不可少，缠绕在脖颈上的项链如同水一般缠绵，并将淡淡的微笑紧锁在唇边，有时即使只是用手指无意识地拨动，也能带出另一番撩人的风情。

□在象牙色的衬衫中加入直条纹和压褶的元素，是回头率的保证率，将衣襟掖在裙子里故意弄些褶皱还能显示出好腰身。在不需要大量运动的时候，选择一条紧身利落的铅笔裙是不错的选择，会让你在大堆"甜美女孩"中脱颖而出，成为干练的"女强人"。

干练简约的职业女性

关键词：

职业的风采　挺拔的身姿　利落的线条

风格宣言：

沉闷的色调并不一定让人感觉厌烦，职业女性干练简约的气质就能够打破色彩的规则，她们作风严谨，办事认真，无论经历何种挫折与困难，都不会轻言放弃。这种工作态度虽然会令女性缺少女性的柔美，却增添了一份坚强的韧性。这种韧性是百折不挠的，是知难而进的，是令人仰慕的，不是有人这么说过吗，认真的女人最美丽。

搭配方案：

方案一：黑色铅笔裙＋灰色外套＋黑色高领针织衫

黑色的铅笔裙与黑色的高领针织衫搭配，虽然没有纷繁的图案与色彩，却能衬托出女性简约干练的一面，再搭配一件灰色的外套又能勾勒出腰身的线条。不过灰、黑两色还是有些单调，不妨在细节处作一点点缀，在袖口处缝制一道金色的边，就能够打破深色的沉闷，提亮整体的色调。

方案二：墨蓝色铅笔裙＋黑色高领衫＋黑色连身长袜＋红色腰带＋灰蓝条纹外套

铅笔裙与紧身针织衫搭配，不需要多余赘物，越是剪裁简单就越能够使身体浮现出波浪一般的曲线感。为了使双腿也能够变的修长，还可以选择一双黑色的连身长袜将曲线继续延伸。为了让整个装扮有一个亮点，可以在腰间系一条红色的皮带，红色皮带能够使模糊的黑色迥然有序，再搭配一件灰蓝条纹外套便能显示出一种自我的个性，在秋天的都市舞台上演绎出中性时尚女人风。

方案三：黑色铅笔裙＋象牙色条纹压褶衬衫

风尚Tips

1. 严谨的A字裙和铅笔裙符合职业女性的干练气质，紧紧贴和身体的玲珑曲线能够激发美丽的质感，虽然不是最新流行的款式，但是从其经久不衰就能看出职业裙装在时尚界的位置。

2. 对于职业女装来说，颜色不一定要鲜艳，黑、白、灰简单的三色就能提升女性的气质感，不过并不是说从此就与艳丽的色彩说再见，将绚丽的颜色用在细节上反而起到更好的

升华作用。例如，一个红色的领结，一朵紫色的领花，都能够将美丽点缀得更加出色。

3. 除了职业套裙外，铅笔裤、衬衫、高跟鞋也是现代女性不可缺少的配饰，在小细节处多加留意，往往能够使大局合情合理。

4. 如果冬天担心双腿的保暖问题，一条黑色的羊绒薄袜可以让双腿不再受寒风侵袭之苦，羊绒独有的细腻触感还能令整体产生一种不失优雅的别致感觉。

帅气洒脱的中性美女

关键词：

随性　无拘束　中性风采

风格宣言：

帅气的女人举止洒脱、谈吐大方，比可爱多了一点淘气，比成熟多了一点俏皮，比干练多了一点活泼，比优雅多了一点随性，可以说帅气洒脱的女人是集"万般宠爱"于一身的。不过，再帅气的女人终究是女人，不能失去女人的温婉雅致，也不能离开女人的性感纯真，在洒脱的外表下终究还是隐藏着一颗女人的心，从头发到足尖，将最美的一面留在不经意的转身间。

搭配方案：

方案一：深色花苞裙＋蓝灰色外套

方案二：黄色灯笼裙＋黑色宽腰带＋牛仔帽

如果你是一个追求帅气风格的女性，不妨选择一件黄色的花苞裙，花苞形的裙摆非常别致，搭配一条黑色的宽腰带就将温柔与酷感结合，别有一番风情。为了充分显示女性的帅气，牛仔帽也是不错的选择，它能够让你美丽而不过分张扬。

方案二：浅蓝色长裙＋横条纹背心

率性的气质全靠衣服来衬托，浅蓝色的长裙清爽中又略带洒脱，搭配一件经典的黑白条纹背心能将这种洒脱放大数倍，如果想更加引人注目，就再佩戴一条异域风情的项链或手镯，如此个性想不引人注意都很难。

□灰色与黑色的交错使裙子充满了未来感，搭配一件灰蓝色外套则又将这种感觉固定在现代，即使站在几个世纪前的铁门外，还能产生一种和谐之感。

风尚 Tips

1. 中性美并不意味着一定要拒绝色彩的点缀，有时候绚丽的色彩反而能够营造出帅气洒脱的气质，同样纷繁的图案也可以制造出独特的效果，让你在美丽的“分界线”上自如徘徊。

2. 用几何图案点缀色彩虽然抽象难懂，却足以将美丽凝固在手心之中。

3. 宽大的腰带、帅气的帽子、酷酷的墨镜都是提升气质的因素，特别是深色系的配饰更能制造出感性十足的气氛。

4. 靴子也是必要的“道具”，无需刻意装扮，笔直的靴筒、凌乱的流苏、金属的铆丁就能够令足下生辉，踏出风尘仆仆的气息。

8 秀走小蛮腰：裙子与腰带的不解之缘

除了唐朝奉行丰腴为美外，"杨柳枝一般的细腰"一直是衡量美女的重要条件，这个条件如此"得人心"，以至于闹出了"楚王好细腰，宫中多饿死"的荒谬。

诚然，盈盈一握的细腰是每个女人都渴望的，天生丰满的腰部让不少女性犯愁，没有玲珑有致的腰身，无论多美的裙子都穿不出效果，有时甚至还会夸大腰部缺陷，这可如何是好？

许多人不由得发出了这样的疑问：

难道只有穿宽松的衣服，才能将腰身遮掩？

难道从此只能告别漂亮的衣裙，走上"T 恤 + 牛仔裤"的"经典"路线？

当然不是，心灵手巧的女性绝对不会因为这点困难就放弃对美丽的追求，她们懂得如何扬长避短，突出自己的优势。"头痛医头，脚痛医脚"，虽然这个法子笨了些，但对于穿衣打扮而言确是最直接，也是最有效的方法。所以，腰间的问题还是交给腰带来解决，巧用腰带，能够让你成为绝对热辣的小"腰"女！

裙子与腰带搭配原则

裙子与腰带是一对欢喜冤家，心意相投的时候，双方意气风发，颇有不打不相识的气势；可是一旦不合意，就立刻“反目成仇”，还连累了爱美的女孩 。可见，裙子与腰带的搭配并不是随随便便“组合”，如果不加挑选就胡乱搭配，再精致的腰带也只像是一条挂在腰间的麻绳，毫无意义。

搭配原则一：以“色”取胜

腰带与袜子、鞋子一样，并不是单独存在的个体，只有与整体色彩搭配统一才能显得更加自然、相得益彰。.

1. 以“和”为贵

当上装与裙子的色彩为较强烈的对比色时，在中间系一条腰带能够令色彩自然过渡，使上下身的色彩流畅地融为一体，看上去既有冲击力，又和谐统一。

2. 突出自我

在素色的连衣裙上系一条对比色的腰带，用裙子的淡雅强调腰带的浓艳，可以将腰身勾勒得更加完美；相反，在图案繁缛、色彩绚丽的连衣裙上，用一条素雅的腰带作为点缀，寓意“动中取静”、“以退为进”，能突出腰带的气质重点。

3. 一分为二

一条与裙装完全不同色或者浅色系的腰带会将身体一分为二，这样做会造成两种效果。对于双腿修长的女人来说，能够强调双腿与上身的距离，使腿部更显长；对于个子矮小或者腿比较短的女性来说，这样做会使身体在视觉的分割下显得更加矮小。

4. “细腰”与“丰腰”

深色系的腰带有收缩效果，能够使腰部在不经意间变得瘦长纤细；浅色系或者色彩亮度较高的腰带具有膨胀效果，只适合腰部过于纤瘦的女性佩戴。

蝴蝶结腰带几乎适合所有的裙装，尤其是黑色的腰带更能制造出动人曲线感，穿着上并无体型限制，唯一需留意的是腰肢纤细的女性，它会使纤细的腰部显得更细。

□用一条棕色的皮带紧束腰身，能够将上下身色彩完美地衔接，金属光泽的质感提亮了整体效果，隐约中透出窈窕曲线。

□细腰带勾勒出连衣裙的腰身，单一的色彩能对本身比较花哨的连衣裙作很好的过渡，看似杂乱的裙子有了腰带的加入，显得艳丽却又规整。

白色的连身短裙也是女孩子衣橱里不能少的，如果想要突出腰身的玲珑曲线，不妨在腰间系一条蝴蝶结腰带，纯洁的白色配上梦幻的粉红色可以让女孩在甜美中尽情徘徊。

5. 留出空间

一条中性色彩的素色腰带对于女人来说比色彩浓艳的腰带更为实用，它的搭配空间非常大，可以与各种款式和颜色的裙装搭配，一劳永逸，从而解决了腰带“供不应求”的问题。

白色的腰带人气十足，简洁的线条和方形的孔眼增加了腰带的立体感，金属色的皮带环扣又平添了古香古色的风情。这款充满双重气质的腰带无论搭配什么裙子，都能将其衬托得非常出色，就像一句贴心的问候，令人暖意融融。

搭配原则二：塑造完美体型

腰带的首要任务并不是作为裙子的点缀，而是要将不完美的身形塑造得完美无缺。对于不同体型的女性，可以利用不同的腰带来突出视觉效果，从而重点表现自己的优势，忽略自己的缺点。

1. 身体瘦长、腰肢纤细

腰肢纤细的人不管用哪一种腰带都不会产生太大的问题，不过想要完美地展现自己的S身材，不妨大胆地紧束一条2~2.5厘米宽、有松紧的腰带，让动人的腰肢在腰带的拥揽下更加性感。身体瘦长的人需要选用显眼的宽腰带来分清上下身比例，增加身体的横向宽度，使过细的腰身显得丰满一些。

（1）在灰白色的连衣裙上系一条略粗的蝴蝶结腰带，能够使纤细的腰肢变得丰润，天鹅绒材质的腰带，更体现出腰身质感。这款腰带最适合搭配棉布裙，能够凸现连衣裙的感觉。

（2）一身牛仔造型本来就相当有型，若将不太显腰身的无带牛仔上衣配上有设计感的古铜色宽腰带，搭配一条毛边牛仔裙，就更显性感诱人的魅惑，为你塑造一副完美的S型身材。

2. 腰肢丰满

一条2～3厘米左右宽度适中的腰带，能够让腰腹部的赘肉立刻消失，再配上一条同色系的大圆摆裙子，更显得腰肢纤细，婀娜动人。不过如果腰身略粗且腰型不明显，最好选一条宽松的腰带，不要扎紧，任其垂在腰间，这样就能从视觉上将上半身拉长，使腰部线条明显。此外，与软质的腰带相比，没有任何装饰的硬质腰带更容易在视觉上产生收腹的效果。

浅色的雪纺上衣虽然贴身，却容易将腰身曲线遮掩，用一条黑色的宽皮带就能够使腰肢显得更加动人。记住，不要将皮带固定，任其散落在腰间效果会更好。

3. 臀部丰满或下垂

无论臀部是丰满还是下垂，都可以用宽度适中的腰带来修饰臀型，如果是臀部下垂宽腰带效果更好。

4. 上身长

上身较长的人系一条与上装同色的宽腰

□在这个张扬个性的年代，到处都需要特立独行，一条宽腰带除了能彰显个性外，还能很好地修饰臀型，就连腰间的赘肉也能被隐藏得很好！

带，能够突出腰部线条，腰带的位置应当适当提高，以便能调节上下身的比例，呈现出上短下长的完美视觉比例。如果系两条细腰带，两条腰带之间适当留些空间，可以产生比较好的视觉效果。

仿古色彩的腰带灵感来自于古朴的红木家具，前所未有的色泽加上现代感极强的款式，绝对能够冲击视线，即使是一件普通的裙装也可以穿出特别的风格。适合搭配一件与其同色系的上衣，打造身体完美的黄金比例。

5. 身材矮小

身材矮小的人宜选择颜色与上装相同宽度适中的腰带或者流苏腰带，而且款式越简单越好。腰带上的饰物应当在皮带上边 1 厘米处，这样能够从视觉上将身高提高几厘米。要是小肚子有点突出，不妨将腰带系在胯上，造成耷拉的效果，能够起到不错的收腹效果。

搭配原则三：与裙共舞

有了腰带的加入，裙子变得不再孤单，贴心的设计令裙子与腰带在舞台上携手共舞，天衣无缝。这种默契并非一时一刻形成的，而是在朝夕相处时的心心相印。

1. 连衣裙

许多连衣裙的腰部并没有修身设计，这样虽然宽松舒适，却容易埋没了好身材，因此需要合适的腰带来提升腰部的曲线。

如修女般严谨的连衣裙典雅素净，却容易让人忽视女性的曲线美感，于是在这身凝重的裙子上搭配一条绘有金色图案的腰带，在勾勒出细致腰身的同时，还能于宁静之中点缀出几分华贵。

2. 百褶裙

百褶裙虽然具有韵律性和灵动性，但是容易产生凌乱感，一条宽大的腰带能够将视线集中起来，平衡百褶裙的纵深线条，使裙子随性而不乱，精致但不张扬，造就如行云流水般的婉约灵性。微微张开的裙摆摇曳着动人的舞步，此起彼伏的交错感令人目眩神迷，无法掌控，但是一条宽大的腰带就能让一切尽在掌握之中。银色的腰带金属质感强烈，铺陈在腰间与未来风格的褶裙遥相呼应，随性而不凌乱，如同高高在上的王后。

3. 衬衫裙

集帅气、优雅于一体的衬衫裙是中性风裙装的鼎盛代表，配上丝质或绸质宽腰带能强调女性的柔美与浪漫，真皮腰带可平添一股帅气，金属色腰带赋予女性刚柔相济的协调，能突出裙装飘飘欲仙的韵味。

灰色的宽边腰带使包裹在宽松裙子之中的身体仍然不失玲珑的曲线感，松而不垮的衬衫裙更显轮廓分明；腰带上系带的设计又显得别具一格，所以简单的裙子同样熠熠生辉。

4. 针织直筒裙

针织直筒裙虽然透气性较好，但是由于

□一条普通的金属扣腰带居然也能起到修身的作用，搭配一条休闲的裙装可瞬间提升青春指数。如果将腰带系在腰部的上方还可以拉长腰身，让个子娇小的女孩即使不穿高跟鞋，也能步步“高”升。

其贴身的特点，很容易暴露身材的缺点，一条宽腰带的加入能够使身体更有曲线美。腰带的位置不宜过低，最好系在胸部下一掌宽处，这样还能使胸部看起来更加挺拔丰满。

5. 低腰牛仔裙

帅气的牛仔裙比衬衫裙多了几分活泼，腰带的位置也应当更随意一些，将腰带系在胯上能够强调胯部的存在感，显出曼妙的腰身。不过这种“挂胯”腰带不宜太宽，颜色也应当与裙子和上装形成反差，以免使腰身向下拉伸，造成上身长下身短的不良效果。

6. 套裙

精致端庄的黑白两色套裙配，宽大的腰带会显得极不协调，一条窄窄的真皮腰带或者蝴蝶结腰带可以增添淑女韵味。金色的腰带将颜色完美融合在一起，并与项链遥遥呼应。黑色的上衣又将腰带的光芒锁住，令其在张扬中不乏低调的魅惑。

7. 毛线裙

紧身毛线裙可配一条金属色腰带或者手工编织的腰带，但是色泽应当和谐，以免增加身体的臃肿感。

配黑色的腰带用绒布的面料营造出温暖的氛围，带有一抹冬季独有的温馨风情，令人难以割舍，欲罢不能。宽宽的腰带与柔软的毛线裙相搭配，更是显得温情脉脉，将“暖冬”风格推向了极致。

□草绿色的针织连衣裙穿出春天的清新气息，只是白色的宽边腰带隐隐透出冬天的眷恋，点点淑女的优雅情怀伴着伤感的回忆，在春的季节徘徊不前。但是当回首的那一刻，便是精彩的瞬间。

□糖果色的圆点小衫穿出可爱与俏皮，黑色的低腰牛仔裙诉说着想要长大的心愿，全身没有多余的饰物点缀，只有一条金色的腰带伴随在腰间。这条细细的腰带闪烁着金色光芒，仿佛能将夜空点亮，长明不暗。

与流苏腰带巧搭配：复古、民族时尚风

关键词：

朴质　现代

腰带印象：

有人认为，流苏腰带系于腰间只是一种流于形式的装饰，事实恰恰相反，流苏腰带并不是华而不实的装饰品，而与其他腰带一样，能够使裙装成为亮点与抢眼的所在。闲暇的时候换掉古板的套装，用一身或甜美或温婉的装扮来迎合四季的华丽，再配上一条具有浓郁手工编织风格的流苏腰带，更显性感苗条的身姿。

搭配方案：

方案一：短裙＋黑色流苏腰带＋针织镂空蝙蝠衫

短裙搭配流苏腰带能够让裙子更加摇曳生辉，腰带由黑色的细绳编织而成，令人联想到俏丽的中国结，而它外形上的细巧又减弱了蝙蝠衫的宽大感，再加上花边、镂空、领结等元素的运用，让整个搭配看起来十足甜美。注意，裙子与蝙蝠衫的长度一定要把握好，最好让短裙的裙摆隐隐露出，这样能将一双美腿尽情展示，性感又不失少女风情。

搭配指南：

不是任何人都适合穿蝙蝠衫，它会令个子娇小的人更加矮小，还会增加身体的体积感，产生横向膨胀的效果。

方案二：白色吊带裙＋米黄色宽边流苏腰带

白色吊带裙通常会给人以灵动飘逸的感觉，选择一款半透明的裙子更能突出白裙的特点。为了能够配合裙子的飘逸感觉，最好搭配一条流苏腰带，飘扬着细长松散的流苏腰带还能够拉长腰身的线条，使身材比例更加完美。

搭配指南：

将腰带斜系能够从视觉上拉伸身体的线条，不过同时也应当考虑到裙摆的设计，只有二者互相协调融合，才能在拉伸身体的同时令线条更为流畅。

方案三：青色鱼尾裙＋白色花饰流苏腰带＋灰色圆领上衣

搭配指南：

想用一条腰带搭配不同的裙装，不仅在色彩上力求简洁，款式的挑选也应当慎重。像上图这款流苏腰带就非常适合与各种裙装搭配，而且在不同的搭配中还能呈现出不同的风貌。

□青色的鱼尾裙飘逸合体，与素雅的腰带搭配更加贴合女性温柔的气质。流苏腰带虽然带有花边设计，但是并不显凌乱，将它随意地系在腰间，极简之中体现出女性娴静柔美的气质。

与彩色腰链巧搭配：让裙装更加出彩

关键词：

不羁　自由

腰链印象：

温柔与束缚，是腰链带给女人的一种感官印象，也许是距离太近反而看不清，腰链的真正个性被女人"一厢情愿"地抹杀掉，而它自己也渐渐忘了曾经的真性情。其实，不羁与自由才是腰链的真正性格，它不似腰带那样对身体无比依恋，而是总是若有若无地与人们保持一定的距离，这种距离不多不少，刚好能够展现女性的内在气质，并成为整套服饰的亮点。

搭配方案：

方案一：白色短裙＋金色腰链＋白色长款上衣

白色短裙搭配白色长款上衣，只有热爱冬季的人才会大胆尝试，虽然稍显冷漠，却能透出纯净质感；不过冬季最美的风景莫过于灿烂的阳光，搭配一条金色的腰链就能融化白色的冷漠，突出白色的纯净。

搭配指南：

白色使人产生膨胀感，不过一身白色的装束却能产生相反的效果，再系上一条腰带，更能显出腰身。当然腰带的装饰不宜复杂，这条华贵而不失朴素的腰带能起到最好的瘦身效果。

方案二：红色摆裙＋金属蝴蝶结腰链＋皮草小外套

搭配指南：

皮草外套并不一定配上宽大的皮带才能够显出奢华的个性，一

搭配Tips

1. 流苏腰带大多是丝质或者皮质的，仿佛时光穿梭一般编织而成，长长的流苏随意垂在腰间，荡出悠扬的回声。

2. 手工编织的流苏腰带充满了家的气息，可任意点缀家常便装，它清晰的纹理与质地轻柔且色调统一的丝制、针织等裙装搭配，更突出女性的甜美气质。

3. 将流苏腰带系于腰线以下的胯部，可以减少胯部的膨胀感，使臀部看起来不会太过于丰满，并且还有提臀、瘦腰的效果。

4. 在低腰的牛仔裙上系一条流苏腰带，可以溶化牛仔裙的硬朗，平添一份波西米亚风情。

条色彩鲜艳的裙子和一条简单的腰链就能够达到目的。不过因为裙子的颜色已经很鲜艳了，所以腰链不宜选择太花哨的。

方案三：白色方格套装＋黑色腰链

白色的方格套裙显得端庄大气，为了增加女性的气质，最好在裙摆处进行镂空处理，镂空的花边就能体现女性细致缜密的心思，与腰链搭配在一起更添优雅风情。

搭配指南：

铅笔式的裙型已经显得非常紧绷，所以腰链不宜系得过紧，一般来说应当比自己的腰围多放出2~3厘米，或挂有松松地垂下来的缀饰。

□鲜红的百褶与奢华的皮草搭配有些过于刺眼，不过搭配蝴蝶结腰链就大不一样。精致的蝴蝶结腰链采用了古铜色系，会使人产生低调内敛的感觉，所以搭配红色摆裙和皮草能够在视觉上形成显眼的对比，将繁简两极的风格又推向另一个高峰。

搭配Tips

1. 细细的腰链精致中见品味，蜿蜒缠绕的视感是塑造美丽的关键，在与身体“纠缠不清”的时候，却获得另外一份惊喜。

2. 鲜艳的色彩并不等于凌乱，腰链与纯色的裙装搭配可谓是天作之合，纯净的裙装能够突出腰链的存在，令腰间生花，妩媚动人。
3. 设计平实、简洁的腰链能够塑造女性干练利落的形象，而缀有珠串、水晶等装饰性较强的腰链则是出席酒会、外出休闲的实用搭配单品。

4. “轻松随意”是腰链取胜的重要原因，将腰链随意地系在腰间，慵懒而散漫，松松垂下的流苏又荡出优雅韵味，更显腰肢婀娜。
5. 腰链是众人眼中的焦点，但也最容易暴露出腰间秘密，所以腰肢丰满或者过于纤细的女性不宜佩戴。
6. 想要更好地驾驭腰链吗？那一定先要有一套剪裁良好的裙装，不然可是会带来反效果。

与蝴蝶结腰带巧搭配 ：优雅不失个性

关键词：

优雅　个性

腰带印象：

有人说，闻香识女人，无论是天真可爱的少女还是优雅高贵的淑女，在蝴蝶结腰带的面前总是含羞待放。或许蝴蝶结并没有金属色腰带那么绚丽，也不像腰链那样精致，但是最能突出女性的柔美。这种柔美正如其名，像一只蝴蝶停留在女人的腰间，在盘旋间缠绕出丝丝彩虹，细细诉说着女人的心事。

搭配方案 ：

方案一：墨绿色工装短裙 + 红色方形蝴蝶结腰带 + 黑色高领针织衫

墨绿色的工装短裙给人以休闲的感觉，不过搭配一件黑色的高领针织衫就能穿出典雅的气质，墨绿色与黑色都属于深色系，最好搭配一条红色的蝴蝶结腰带作为过渡，蝴蝶结的造型还能够让整体装扮显得更加活泼生动。

搭配指南 ：

当全身上下都是深色系时，最好用其他配件加以修饰。如银色的项链、金色的耳环或彩色腰带。不过饰品的颜色也应当同整体色彩搭配协调，以免突出腰部缺点。

方案二：黑色过膝裙 + 淑女式蝴蝶结 + 红色洋装

搭配指南 ：

将腰带系在腰部最细的地方能够使身体的黄金比例打造更加完美。如果能再搭配一条相同颜色的长项链，还可以从视觉上纵向拉伸身形。

方案三：浅黄色牛仔短裙 + 蓝色绸缎蝴蝶结腰带 + 浅蓝色背心

浅黄色的牛仔短裙搭配浅蓝色的背心，既能体现潇洒活泼的一面，又能表现出俏丽甜美的魅力，再搭配一条用绸缎系出的蝴蝶结腰带精致中又透出青春的张扬。蝴蝶结腰带不受腰围尺寸的限制，随意系在腰间就可以了，最适合逛街、旅游时作装饰用。

搭配指南 ：

拥有平坦小腹的女生一定不要吝啬，穿一条低腰牛仔裙再配上俏皮的腰带，立刻就能令淑女形象大变样。

□暗红与黑色的运用十分大胆，搭配出错很容易使人显得老气，不过好在有蝴蝶结腰带作为陪衬，让这身装扮不至于“催人老”。

搭配Tips

1. “百依百顺”的蝴蝶结腰带与所有的裙装都能够很好的搭配。

2. 一条细蝴蝶结腰带能够为生活添加点情趣，黑、红、湖蓝、墨绿，各种鲜亮的颜色是裙装的最好搭档。

3. 蝴蝶结腰带充满着少女的情怀，但又不失成熟的韵味，可以与各种裙装搭配。与娃娃裙搭配，更显可爱天真；与淑女裙搭配，倍添优雅气质；即使是与牛仔裙搭配，也能显得活泼十足。

4. 蝴蝶结腰带能够使曲线立显，最适合腰身丰满以及腰部线条不明显的女性。如果小肚子比较突出，就要慎重搭配了，以免有相反的效果。

5. 胸部丰满的女性不宜将蝴蝶结腰带系在腰线之上，以免将丰满变成臃肿，白白浪费了好身材。

与金属色腰带巧搭配 ：搭配朴素裙装的沉闷感

关键词：

闪耀　内敛

腰带印象：

时尚的金属色腰带十分抢眼“妖娆”，带着一种掩饰不住的光彩，震撼每一双充满艳羡的眼睛！不管裙子的款式多么简单，颜色如何素雅，在金属色腰带的衬托下都能够焕发异样光彩。有人认为，这都是金属色腰带的耀眼带来的，其实不然，越是含蓄的金属色系越能衬托出裙装的魅力，不动声色地成为众人瞩目的焦点。

搭配方案：

方案一：白色A字裙＋银色圆头宽腰带＋黑色薄纱洋装

白色的A字裙搭配精致的黑纱洋装是职场女性的最爱，会给人以端庄、优雅又不失伶俐可人的感觉，搭配一条金属色的圆头腰带还能衬托出女性干练的气质。

搭配指南：

为了减少腰带带来的扩张感，除了可以用长项链来平衡，还可以在上衣的图案上做些文章，竖条纹、纵向排列的圆点等可以起到相同的作用。

方案二：黑色连衣裙＋蓝灰色细腰带

黑色的长裙通常代表神秘与莫测，裙子不宜过于宽松，只有收腰的款式才能够突出

口上衣的几何图案和低胸设计的运用相当大胆，色彩的丰富更令人目不暇接，不过好在有庄重的米色裙子作为陪衬，使美丽不至于在张扬中萧然殆尽。超宽腰带的运用也相当出彩，在留住美丽的同时更可增添女性的职场风范。

完美曲线。不过一席黑色的打扮未免有些单调，再搭配一条蓝灰色腰带作为装饰，能够使黑色连衣裙显得更加大气。

搭配指南：

只有将细皮带与大气的连衣裙搭配，才能穿出强烈的对比效果。虽然裙子的款式不是流行样式，不过在腰带等饰品上细心搭配就能穿出另类的风情。

方案三：米色裙子＋黑色超宽腰带＋蓝色几何低胸衫

搭配指南：

这种低胸和宽松款式的上衣极容易显得上身很胖，不过用超宽的腰带将腰身束缚，并将上衣在胸前弄出宽松的褶皱，就可以将腹部的赘肉遮住了。

搭配Tips

1. 如果不想令自己偏黄的肤色变得“金光满面”，就不要选择过于耀眼的腰带。这种腰带只会突出腰部的曲线，让丰满的人更丰满，个矮的人更矮小。

2. 想要将动人的腰肢演绎得更加曼妙，一条光泽度低的金属色腰带，如香槟、浅银、浅粉等是首选颜色，也是近几年的流行趋势。

3. 腰肢丰满的女性并不适合金属色腰带，它会将全部视线都吸引到腰部，让你防不胜防，将缺点时时刻刻暴露在众人面前。

4. 金属色的腰带能够为女性添加风采，更为冬季增添一份温暖，不过它具有明显的扩张视觉效果，所以最好与同色系的长项链搭配，以便在视觉上起到纵向拉长身形的作用。

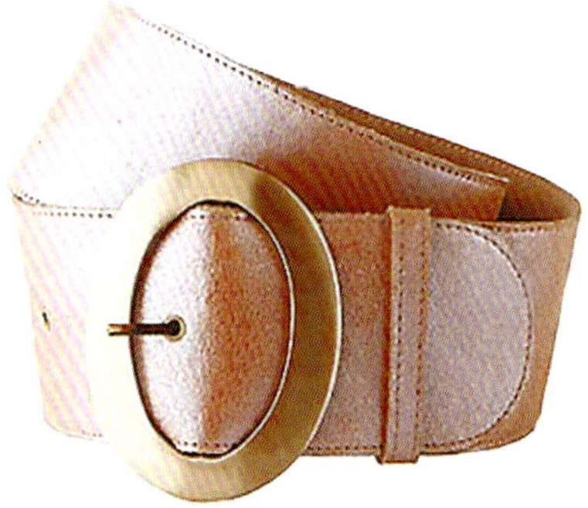

5. 金属色腰带充满抢眼的效果，既可以系在轻柔的衬衫上，也可以系在连衣裙和大衣上。无论腰带是宽大还是纤细，都能令腰肢更加纤细，特别是传统的金色光泽，能够让你成为优雅的封面女郎。

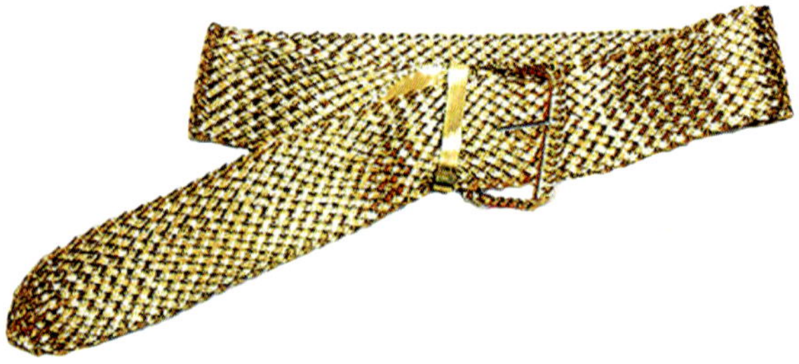

9 时尚达人：裙子与外衣的经典组合

如果将身体比作一栋楼房，那么裙子就是三楼的“住户”，每天上上下下总免不了和邻居们打交道，万一与哪一层发生不合，就会闹出很多烦心事。如果想要与大家一直和睦相处下去，就要先去了解对方的喜好，只有情投意合，才能营造出和谐的氛围。

裙子与外衣搭配的原则

搭配原则一：宽松适度

单品裙子搭配上衣时，不要为了强调上身的线条或者突出臀部而选择过紧的款式。这种过于紧身的外衣不仅穿起来不舒服，而且还会造成上下身比例不协调。当然，也不宜为了追求舒适而选择过于宽松的上衣，想要穿出美观与舒服应当选择一款最合身的。一般地说，上衣应当与身体之间留有 2~3 厘米的空隙。

搭配原则二：长短合适

裙子与上衣的长度是呈反比例的，一般来说，长裙配短衣，短裙配长衣是最安全的搭配方法，如果你实在不知道该如何搭配，按照这个方法准没错。不过搭配短衣的时候，上衣的长度也不能短得离谱，以刚刚到臀部或到腰围的部位最佳。

搭配原则三：深浅得当

裙子和上衣的颜色应当遵循这样的原则：上衣的色彩或者图案不宜过重、过艳，否则就会有头重脚轻之感。裙子的颜色应当比上衣略深些，或者是强烈的对比色；如果二者是同色，还应当在中间点缀其他色彩作为过渡。白色是最好的过渡色，即使是两种很不搭的颜色，只要有了白色的加入就能相安无事，效果不错。

搭配原则四：内搭外穿

上衣是上衣、裙子是裙子，这种泾渭分明的穿法已经不再适用了，当混搭的风潮刮起时，裙子和上衣这对“好邻居”也迫不及待地开始了混搭的“生涯”。吊带裙里套上棉 T 恤，连衣裙里搭配衬衫，穿无袖裙时再加一件长袖衫，这样的穿法不仅颇有意趣，还能起到保暖的作用，最适合在寒风料峭的初春时节穿着。

搭配原则五：外援帮忙

很多时候，上衣和裙子总是会闹一些小别扭，如果没有人出面调和，小矛盾就会演变成大问题，因此多找外援来帮忙是不错的方法。像在上一章中所说的腰带作为色彩过渡，就是一个最好的例子。此外，如果上衣与裙子搭配后身体比例出现不协调的状况，可以利用围巾、项链、腰带进行调节。

搭配原则六：繁简有度

有繁有简的搭配，才能使整体形象更加清爽，如果裙子的图案比较繁复，那么上衣就应当相对清爽些，颜色可以选择裙子中的一种。相反的，如果上衣的款式比较繁复，例如镶有蕾丝边、蝴蝶结或者压褶等，裙子就应当简洁利落，不要有过多的赘饰。

高腰裙 + 衬衫 ：穿出黄金模特比例

关键词：

娇俏　性感

搭配印象：

纤细的腰肢、修长的双腿、适中的胸部、挺翘的臀部是每个模特都应当具有的身材条件，但是对于一般女性来说，这种身材却是可望而不可即的。例如：有的女人腰肢纤细，但是双腿却不够修长；有的女人胸部丰满，但小腹也同样丰腴；有的女性个子高挑、四肢修长，可是几乎没有线条感，缺少优美的曲线。这些缺憾虽然不是致命的缺点，却同样会给女性带来无穷的烦恼，让人不由得发出疑问，难道拥有模特般的身材真的那么难吗。如果没有的设计出来高腰裙，也许我们只能这样“认命”，但是有了这款裙子，一切就变得不同了。高腰裙具有精简的裁剪线条，能衬托女人优美的身体曲线，衬衫的帮助，对身体绝对有拉长的效果，能彰显女性独有的纤腰媚态。既然有如此神奇的效果，我们还有什么理由不去尝试高腰裙与衬衫的搭配优势呢?

搭配方案：

黑色高腰裙 + 黑白格子衬衣

搭配指南：

靴子在膝盖下 5~10 厘米，裙摆在膝盖上方。靴口与裙子之间留白，露出腿部白皙的肌肤，更显性感。

□黑白格子衬衫的黑色收腰衣摆与散开的裙摆巧妙地呼应，仿佛连衣裙般水乳交融。对于女性来说，及膝的裙子最显好身材，不管是什么款式，搭配一双紧腿长靴准没错。

搭配 Tips

1. 质地略厚且不易起皱的面料最适合高腰裙的要求，良好的裁剪能够将身体线条修饰得更加流畅，作为上班时穿着的高腰裙，更应当选择优良的面料，以贴合办公室 OL 干练的形象。

2. 与高腰裙不同，衬衫的质地不宜太厚，应当合身贴体，否则掖到裙子里就会显得鼓鼓囊囊、凹凸不平，使身体看起来臃肿不堪。

3. 衬衫在搭配高腰裙时会全部掖到裙子里，使小腹完全暴露在众目睽睽之下，高腰裙紧贴身的设计，也会将小腹的缺憾放大数倍，所以“小腹婆”们还是不要尝试这款紧身装，而应当选择高腰的娃娃裙或者 A 字连衣裙等宽松款式的裙装。

4. 搭配高腰裙和衬衫时，永远不要忽视高跟鞋，不论是靴子、凉鞋还是普通的高跟鞋都能令体型更加优美，臀部也会在鞋跟与裙子的双重作用下自然挺翘。

呢子铅笔裙 / 百褶裙 + 羽绒服 ：冬季风度也翩翩

关键词：

温度　风度

搭配印象：

下雪，是穿裙子的季节，出于对裙装的渴望，女人已经不再满足只要“温度不要风度”地度过冬天，而是贪心地想将温度和风度都牢牢地抓在手心里。想要暖暖活活地过冬并不是难事，但既想保暖又想美丽地过冬，就要花上一番心思才行。羊绒大衣过于沉重，呢子大衣又不够保暖，唯有羽绒服才是兼得二者优点的最佳单品。

羽绒服是冬季不变的温暖，裙子是四季延续的浪漫，用温暖包容浪漫，用浪漫点缀温暖，你中有我，我中有你，即使是寒冷的冬季也好像身处温暖的南国一样。

搭配方案：

灰色百褶裙 + 玫瑰红羽绒服 + 粉红色中靴 + 黑色袜裤

搭配指南：

“轮胎皮”羽绒服具有扩展感，容易使人在视觉上出现横向发展的效果，选择这种款式的羽绒服，应注意羽绒服的厚薄和长短。一般来说，短款或者束腰的“轮胎皮”羽绒服会使身体显得苗条，穿着时羽绒服的领子应当立起来，否则脸蛋就会像一圈一圈的“轮胎皮”一样圆。

□灰色的呢子百褶裙并不是少女的风格，但是它能中和玫瑰红羽绒服的稚嫩，蓬松的羽绒服搭配超短的褶裙给人以轻松愉悦的感觉；在靴子、发带处用粉红色进行点缀，能体现女孩的活泼俏皮，黑色的袜裤将女孩的性感如数展现。

搭配Tips

1. 由于裙子是呢子面料，质感较厚，所以选择羽绒服时，不要挑选过于厚重的款式，以免使肩膀显得很宽，手臂随着变粗。

2. 羽绒服与裙子的长短比例要把握好，只要牢记八个字就可以：以短配短，以长取长。

3. 短款的羽绒服刚刚到臀部，如果想让双腿显得更加修长，不妨将腰线适当地向上提几厘米，使里面的衬衫或者薄毛衣露出一点。这种打扮不仅会显得非常精神，身体也更具有层次感，双腿看上去也会更加修长。

4. 长款羽绒服的衣摆可以长到膝盖，也可以稍微长过膝盖，但就是不能正好“停留”在小腿肚的中间，因为这里是小腿最粗的部位，不管是袜子、裙子还是靴子，都会令小腿显得又粗又短。

5. 对于个子娇小的女性来说，短款羽绒服搭配短裙是让身体增高的一个窍门，而长款羽绒服和长裙则是个子高挑女性的专利。不管是哪一种款式，只要再搭配一双同色的靴子和袜子，就能够让这个冬天过得美丽又温暖了！

6. 百褶裙的裙摆比较松散，搭配长款羽绒服会使下身显得格外臃肿，所以还是以不完全遮住裙子的中短款羽绒服为宜。

牛仔短裙＋棉T恤：不做公主做牛仔

关键词：

西部风　现代风

搭配印象：

如果说咖啡、蛋糕是浪漫女孩的下午茶，那么冰淇淋、水果汁就是活泼女孩的饭后甜点，喜爱穿牛仔裙的女孩子永远不会将自己困在咖啡馆里，她们宁愿冒着大太阳也要坐在露天的桌子前，享受属于自己的休闲时光。虽然脸蛋已经被晒得通红，汗珠也顺着发丝滑落，可是阳光撒在棉布T恤上时的温柔缱绻，足以让人忘却炎热的不快。

搭配方案：

浅灰色牛仔短裙＋黑色无袖T恤

搭配指南：

想要将牛仔裙穿出优雅的感觉，这款浅灰色仿粗花呢款式的牛仔裙是个不错的选择，会给人造成视觉错觉感，时尚又漂亮。

口休息的时候和朋友一起出游，优雅与低调的装扮最能抓住大家的眼球，所以选择这款牛仔短裙和淑女气十足的蝴蝶结黑色T恤让你青春亮丽的同时，又性感诱人。

1. 女人味十足的紧身T恤与牛仔裙搭配时，衣摆的下方最好达到臀部，恰到好处的长度能够令腰肢扭动得更加优美，一个转身就能让人回味。

2. 无腰身或者中性款式的T恤，衣摆的长度以到达腰部为宜，稍露出裙腰的设计显得更加帅气。

3. 传统的牛仔裙搭配色彩夸张、设计另类的T恤，突显个性，但不张扬，再配上一条低腰的宽腰带，仿佛立刻就能听到牛仔们的召唤。

4. 黑色的长袜，可爱的布鞋，让你行走在街上栩栩如生；彩色的丝袜，靓丽的高跟鞋，每一个步子都能踏出优美的舞点。聪明的牛仔女孩懂得，想要虏获他的心，一成不变可不行。

搭配Tips

A 字裙 + 衬衫 / 小西服 / 高领针织衫 ：办公室里的最亮点

关键词：

职业　优雅　干练

搭配印象：

想要将 A 字裙穿得更加出彩，不下一番苦工夫可不行。线条利落、款式简洁的 A 字裙是 Office Lady 们的最爱，A 字裙包裹的优美曲线也成了办公室里的亮点，可是整天面对一成不变的裙装未免有些单调，如果不能对裙子“动手脚”，不如就在上衣上做出花样。

能与 A 字裙搭配的上装很多，不论是哪一件都能穿出不同的风格。带有褶皱的衬衫可以将 A 字裙点缀得更加俏丽，小西服衬托出干练的同时更散发出中性的风采，而高领针织衫的加入又使 A 字裙倍添妩媚气质。怎么样，即使是同一件 A 字裙，只要搭配不同的上衣，就能穿出相异的风格，你是不是也动心了呢?

搭配方案 ：

杂色 A 字裙 + 黑色小西服

搭配指南 ：

宽腰线的 A 字裙能够防止衬衫的衣摆滑落或者不规整，并且在视觉上有收腰的效果；而领巾与黑色小西服的加入，可以掩饰平坦的胸部和凸起的小腹。

□每天都要去办公室，打扮得越漂亮工作效率就会越高，杂色的 A 字裙给人职业的感觉，白色的领巾衬衫又给人甜美的意味，再搭配黑色的小西服，就能把甜美与职业结合在一起，形成最适合你的风格。

搭配 Tips

1. 不管是衬衫还是高领针织衫，上衣最好掖到裙子里。如果将衣摆放到外面。那么长度应在腰间或者腰部以上的位置，以免因为上衣过长、裙子短而显得上身长下身短。如果上衣超过了腰部，不妨将一条腰带系在腰间，在勾勒腰部线条的同时，还能调整身体的比例。

2. A 字裙的视觉面积较大，针织衫或者丝绸、真丝类衬衫的质感柔软，因此将二者搭配穿着可起到取长补短的完美视觉效果，令女性的身姿更加柔美动人。

3. A 字裙的线条较为硬朗而且款式简单，没有多余的修饰，所以上装的款式可以复杂一些，如褶皱衣领、领巾、领花、蕾丝边，这些装饰只要看上去繁而不杂、恰到好处，都可以放心地用在与 A 字裙的搭配上。

铅笔裙 + 风衣 ：只露一点刚刚好

口在天蓝色的风衣映衬下，裙子显得如黑夜一般的深邃，仿佛海平面浮起的月亮将光芒小心地收走。天蓝与深蓝的搭配，让女人多了一份神秘，记得穿上足够高跟的鞋子，才能够散发浓浓的女人味。

关键词：

潇洒　帅气

搭配印象：

夏末秋初，寒风乍起，裙裾在风中轻轻飞舞。飞舞的裙摆固然惹人怜惜，但在寒风中瑟瑟发抖的裙装美女更加让人牵肠挂肚。季节交替之际是最不易搭配服装的时候，换上羽绒服此时尚嫌太早，而继续穿衬衫又显得与季节不搭，于是，风衣就在这种“尴尬”中应运而生了。

鉴于此，风衣又成为裙装女性的最爱，风衣的质地虽然轻盈，却能挡住寒风的侵袭，再搭配一条铅笔裙，更显出女性婉约而又非凡的气质。如果你的衣橱里少了一件风衣，不妨去淘一件最适合自己的，在起风的日子里穿出来，让众人眼中开满惊艳的鲜花。

搭配方案：

深蓝色铅笔裙 + 天蓝色风衣

搭配指南：

传统的风衣一般都是直筒、无腰身的，想要使身体出现玲珑有致的线条，就一定要选这款有带子的风衣，它不仅仅是一个装饰，更是打造美好身材的一个关键。

搭配Tips

1. 搭配的效果如何，其实只在一线之间，不要让风衣淹没了裙子的风采，也不要让裙子抢了风衣的风头，裙摆长于风衣 1 厘米就是最标准的长度。

2. 如果在秋天也割舍不下短裙的诱惑，那么风衣就是为身体挡风遮雨的好“伴侣”。但是如果风衣是直筒、无腰身的款式，就尽量不要将扣子系上，因为这样会令人误以为下身是“真空”的。

3. 风衣并不是单品铅笔裙的专利，连衣式的铅笔裙也能够在风衣的衬托下更加风度翩翩，不过裙子的面料不宜太厚，以免显得过于臃肿。

4. 看腻了纯色风衣的单调，为何不选择一件格子风衣？俏皮的格子图案搭配一件饰有皱褶边的铅笔裙，能够让你回到夏天梦幻般的田园中。

5. 风衣与铅笔裙的组合，怎么能少了紧身袜裤和靴子的加入呢？裙子在膝盖之上 10 厘米，靴子在膝盖下 10 厘米，是最标准的搭配原则。裙摆与膝盖之间的留白可以由袜裤来填补，保证让你优雅与温度兼有。

连衣裙 + 马甲 ：优雅女人品生活

关键词：

优雅　娴静　拉长

搭配印象：

长裤与衬衫不是女人的专利，半裙也与苏格兰男人一起分享，剩下的只有连衣裙理所当然地称为女人的专属。哪一个女人的衣橱里没有几条连衣裙呢？不管是优雅甜美还是性感撩人，都是让女人永远无法割舍的浪漫情怀。不过，这种情怀未免有些单调，如果想将连衣裙的魅力发挥到极致，不妨再加一件小马甲。可不要小看马甲的作用，它不仅能够让连衣裙的穿着效果更加出色，还能够为你加一点“形象分”！

搭配方案：

黑色圆摆褶裙 + 灰色呢子马甲

搭配指南：

对于胸部丰满的女性来说，一件马甲不仅能够塑造身体线条，还能掩饰过于丰满的部位，在裙子外套一件披肩或者马甲，就能够使胸部显得小一些。

□黑色的散摆裙让女性充满飘逸的美感，灰色与黑色的间隔运用端庄大方，项链与马甲的加入更是点睛之笔，一个活脱脱的淑女便跃然而出！

搭配Tips

1. 在连衣裙外穿一件小马甲，不仅能够分散对肩背部的注意力，还能弱化肩膀的线条，从而掩饰肩膀过宽的缺陷。

2. 对于小马甲的长度并没有具体的要求，但是最好在胸部下一横掌的地方，或者在腰线周围，小马甲只有在这个位置才能够起到同高腰裙一样的作用——提高腰线、拉长身形。

3. 不管马甲的款式多短、多小，最重要的是穿得休闲与舒适。紧紧贴在身上的马甲，只会让人像一只被捆的紧实的粽子，不仅自己透不了气，别人看了也觉得很不舒服。

4. 上身较丰满的女性最适合采用马甲 + 连衣裙的衣着搭配，这种长短搭配的方法会令身体看起来更加苗条。

10 瞬间改变：裙子与鞋子的强强联手

想要得到贴心的呵护是每个女性的愿望，而对身体最大的关爱则是由双脚开始，一双合脚的鞋子不仅能保护双脚，还能为女人增添几分优雅与浪漫，无怪有人说，看女人的第一眼，是要从鞋子看起。

裙子与鞋子的搭配法则

一年四季都是裙子的季节，四季轮回都离不开鞋子的呵护，裙子与鞋的搭档在这个万变的世界中演绎出一场又一场的奇妙魔术。在这场表演中，你就是唯一的主角，尽可以不费吹灰之力地享受裙子与鞋的魔术表演带给你的无限美丽。小心，一个转身就是一次变身，所以要对着镜子牢牢记住自己，不要因为美丽而忘却曾经的情怀。

搭配原则一：长度与高度

裙子有长短不同，鞋子也有高低之分，怎样才能将二者的优势最大限度地发挥呢？迷你裙搭配 3 厘米高的鞋子，既能显出身高又不会拖沓；膝上 5 厘米的裙子搭配 4 厘米的高跟鞋，尽显俏丽动人；及膝裙搭配 5 厘米的高跟鞋，身材窈窕、玲珑有致；长裙搭配平底鞋和 6 厘米的高跟鞋，更显淑女风范。

搭配原则二：颜色的搭配

黑色的鞋子最容易与裙子搭配，是一种最保守的穿法。除此之外，鞋的颜色一定要比裙子的颜色深，否则就会给人一种头重脚轻的感觉。

搭配原则三：有份有量

长裙不宜搭配太纤细的鞋子，有点分量感的鞋子能够保持身体平衡；超短裙最好配比较轻巧的鞋子，可以较少拖沓感，并能拉长身体的线条。

与高跟鞋巧搭配

关键词：

女人味　性感

高跟鞋印象：

有人说，从裙裾到足尖的距离并不遥远，只要有一双细细的高跟鞋就能将所有的梦想连接在一起。无论是妖娆华丽的纤细感，还是古朴拙趣的粗犷感，高跟鞋带给女人的惊喜永远无法用言语形容。看，双脚踩着一双细细的高跟鞋，踏着优美的舞步，当裙裾飞舞的时候，腿间的风情优美绽放。

搭配方案：

方案一：黑色连衣裙 + 黑色系带短靴

全身黑色容易让人联想起玫瑰一般的致命诱惑，黑色连衣裙的线条应当简洁，再搭配一双足够高的黑色系带短靴，能将你装扮成一个知性美女。

搭配指南：

黑色裙子的经典地位毋庸置疑，不过也正因为过于经典而显得不够抢眼。所以，想要成为众人的焦点，一定要在配饰上下一番工夫，亮银色的皮带，白色的小皮包，别致的项链，可以让你轻松取胜。

方案二：黑白透明几何连衣裙 + 鱼嘴高跟鞋 + 黑色针织开衫

搭配指南：

除了要搭配特定裙装外，对高跟鞋颜色的要求并不多，一般来说黑色、红色和金色的高跟鞋适合所有的裙子，只要你的鞋柜里有这三种颜色的鞋子，就可以搞定全年的搭配。

□叠搭穿法是永不过时的时尚妙搭，在连衣裙外套一件针织开衫，在修饰身线的同时还能增添优雅气质。如果觉得几何图案有些零乱，不妨再搭配一双黑色鱼嘴鞋，简单的颜色，简单的鞋型，能够将色彩与图案均匀平衡，避免头重脚轻之感。

方案三：白色 A 字褶裙 + 黑色系带高跟皮鞋

搭配指南 ：

圆头的高跟鞋是表现优雅的首选样式，不过换成平底鞋的话就显得不那么正式。所以，职场女性如果想要突出自己独特的气质，还是应当选择前者。

与平底鞋巧搭配

搭配Tips

1. 高跟鞋搭配直筒裙能够让臀部看起来小一些。直筒裙长、窄的设计能够产生直线效果，将上半身凸现出来；高跟鞋会让身体曲线变得更加纤细，同时使臀部向上挺翘，自然就减弱了臀部的体积感。

2. 不必担心过长的裙摆会使腿显得很短，因为一双高跟鞋就能让你瞬间增高，还能与长裙一同营造出休闲的感觉，而且宽松长裙的褶皱设计还能够掩饰微微凸起的腹部。

3. 圆褶裙非常女性化，因此最好搭配一双高跟鞋，这样的搭配在打造性感的同时还能穿出稳重与优雅。

4. 粗鞋跟给人一种复古的感觉，也容易赢得他人的信任；过细的鞋跟虽然更显体态优美，却很容易给人留下难以相处的印象，并不适合职业女性在上班时穿着。

□白色的褶裙是所有女孩扮靓的“道具”，款式简洁、褶而不乱的短裙配上女人味十足的系带圆头皮鞋，让你成为可爱女孩中最可爱的一个，白色的小衫和浅蓝色的衬衣更增添了妩媚气质，不过一顶黑色的牛仔帽就能让人乱了芳心，原来可爱女孩也要有调皮的一面！

关键词：

淑女　纤巧

平底鞋印象：

美丽要自下而上的改变，不管你是活泼好动的女生，乖巧的邻家女孩，还是干练的 OL，一双平底鞋足以让你的形象随心百变不重样。帆布鞋强调的是舒适与自然，糖果鞋营造的是可爱与甜美，而平底船鞋则要在成熟中流露出些许可爱感觉，不同的细节能够搭配出新颖的感觉，而一件飘动的长裙又为平底鞋添上画龙点睛的一笔。

搭配方案：

方案一：皱褶花边娃娃裙 + 平底鞋

娃娃裙的魅力就在于能让你一下子年轻好几岁，裙子的裙摆最好选择带皱褶花边的款式，这样即使裙子的颜色不够显眼，也能够穿出与众不同。为了让全身打扮更加出挑，鞋子的选择有讲究，切记比起夸张的图案和款式，零星的点缀才最能抓人，例如在鞋尖随意涂抹一抹绿色就能将裸露的脚背映衬得格外娇嫩，与裙装一同增加可爱的效果。

搭配指南：

娃娃裙看起来真的是非常可爱，尤其是在穿平底鞋的时候更显得娇小动人。不过应当留意裙子的剪裁，胸部丰满的女性穿娃娃裙会将胸部勒得像两座“小山”，还是胸部较平的女性穿起来才更有味道。

方案二：吊带裙 + 平底夹脚凉鞋

淡黄色的吊带连衣裙正符合夏天的清凉，尤其是高腰线的款式更能穿出优雅与悠闲的气派。与平底夹脚凉鞋搭配，能通过简单的线条勾勒出优美的脚踝，将吊带裙穿出惬意的感觉。

搭配指南：

如果你属于“人高马大”的身材，那么高跟鞋真的不太适合你，过高的鞋跟会让人产生一种视觉压迫感，在与他人交往的时候也许会吃“闭门羹”。

方案三：吊带连衣裙 + 金色绑腿芭蕾鞋

薄纱裙装只有搭配平底鞋才能走出飘逸的感觉，裙子的腰身应当收紧，裙摆应当膨胀，这样才能够使双腿显得更加修长。

搭配指南：

这款芭蕾舞式的平底鞋能够穿出高跟鞋的效果，全靠绑在足踝上的带子起到了提升的视觉效果。如果脚踝纤细，并且与小腿比例不协调，穿这款系带的鞋子还能够调节二者的比例。

搭配 Tips

1. 田园式的平底鞋，性感中透着可爱的高腰连衣裙，二者的搭配充满了青春气息；身材高挑的女孩总是有得天独厚的优势，能够将它们穿出一派休闲的味道。

2. 小巧的圆头平底鞋少了尖头高跟鞋的凌厉，多了几分邻家小妹的甜美与纯真，最适合搭配飘逸柔软的裙子，不管是层层叠叠的裙摆，精致的印花，或者柔和的颜色，平底鞋能够让你拥有如天鹅般的轻盈。

3. 短裙与平底鞋搭配时，袜子的高度不要超过小腿，否则就会使身体感觉很“钝”，不够轻巧灵便。

4. 简单才是最美，裙子再花哨也没关系，一双简单的平底鞋就能够将色彩完美平衡。

5. 假如你的脚踝并不性感，还是穿一件长长的裙子为妙，只要将可爱的圆头鞋尖露出，自然女人味十足。

与靴子巧搭配

关键词：

精致　帅气

靴子印象：

美丽是不分季节的，靴子的诞生正是为了证实这一点。崇尚“裙装主义”的女人们无不将靴子作为裙子搭配的锦囊法宝。这是因为，在人们的眼中，一双合适的靴子不仅能够带来温度，更是风度的缔造者。

一双温暖的靴子，能够在寒冷的季节用宽厚的胸怀保护着女性柔弱的双腿；一双独特的靴子，能够在寒冷的季节用自己的美丽征服高傲的裙装。不管是露出脚踝的短靴还是长至膝盖的长靴，裙摆与靴子之间的留白，令女性即使在保守的装束中也能透出性感的气息。这种性感并非赤裸裸地展露，而是小心翼翼地慢慢释放，令闻到的人无不心醉神迷，回味无穷。

搭配方案：

方案一：黑色 A 字连衣裙 + 棕色宽口长靴

黑色的 A 字连衣裙剪裁合身，能使身体的线条在起伏中尽显优美，为了在冬天也能展现曲线的美感，裙子的面料最好选择厚实但不臃肿的质地。应当注意的是，款式简洁的裙子不需要过多的装饰，只要搭配一双简单的棕色宽口长靴就可以将连衣裙的优势发挥得淋漓尽致。

搭配指南：

双腿过于纤细的人，穿长靴会使双腿显得瘦骨嶙峋，没有美感，个子较矮的女孩子又易显得矮小。

方案二：娃娃短裙 + 棕色长靴 + 黑色针织长开衫

搭配指南：

长靴的靴口在膝盖以下 10 厘米的部位显得双腿最笔直；对于腿弯的人而言，穿靴子时一定要避开腿线弯曲的部分，以免扩大腿部曲线。

口宽松的短裙和长开衫掩饰了微微凸起的小腹，高腰线的设计又将胸部突出。如果对自己没有自信，不妨穿一双中靴，不仅能够增加一点高度，还可以与短裙共同营造惬意的休闲感觉。

方案三：黑色短裙 + 黑色长靴 + 红色中袜 + 红色衬衫

干净利落的黑色短裙只有搭配黑色长靴和中袜才能将一双美腿完全展露，为了增加长靴与短裙的帅气与妩媚，还可以将袜子抓出褶皱堆积在靴口。如果担心红色的袜子与短裙、长靴搭配过于突兀，可以选择一件红色的衬衫作为上装。红色的衬衫能够与袜子产生和谐的色彩呼应，并为整体装束增添些许情趣。

搭配指南：

将袜子拉高至靴口的 2~5 厘米处，能产生拉长腿部的视觉效果，使双腿看起来更修长一些。

搭配 Tips

1. 短靴的舒适方便是众人皆知的，最适合搭配中长裙，不过这种搭配很容易暴露腿部的缺陷，因此小腿粗短或者肌肉发达的女性还是不要轻易尝试。

2. 一件及膝裙、一双中靴是 OL 上班时的最佳搭配，看起来既休闲又有一点正装的隆重感。要记住的是，在靴筒上有一点装饰或者皱褶的靴子，还能令双腿显得更加修长。

3. 腿型线条不够优美的女性穿一双及膝的长靴能够将双腿修饰得更加迷人，最重要的是，不管是平底还是高跟，长靴都能够使身体变得挺拔轻盈。长靴搭配中裙时，裙摆应当能够遮住靴口下方的 2~3 厘米；搭配短裙时，裙摆与靴口的距离最好保持在 15~20 厘米之间。要知道，恰到好处的留白能够令美腿更具有诱惑力。

4. 靴子的款式与裙装也应当相搭配，具有休闲风格的靴子宜与休闲裙装搭配，如雪地靴与牛仔裙、帆布靴与迷你短裙，等等；同样，具有优雅风格的靴子自然就要与各种时装相搭配，如直筒靴可与 A 字裙、蓬蓬裙、娃娃裙等裙装搭配，皮草靴可以与毛线裙、粗花呢裙等搭配。

5. 裙摆宽大或者较长的裙子宜搭配平跟靴子，裙摆较窄或者较短的裙子宜搭配高跟靴。

6. 在春、秋两季穿裙子搭配靴子时，最好穿无色或者浅色的丝袜，轻薄的丝袜更能提高靴子与裙子的时髦指数。

11 细节惊艳：裙子与袜子的百变效果

女人爱裙子，如同爱自己的秀发一样，千方百计地将自己打扮得更加美丽，可是很多人只在大体上收拾得当，却忽略了细节处的小事，再美的裙子也只能悄悄地收到衣橱里，不见天日。

一件最合适的裙子不光要有独特的美丽，还要有无限的包容之心。袜子，这个时尚潮流的“篡位者”就在这种情况下诞生了。充满活力的袜子是裙子的得力“助手”，一件再平凡不过的裙子有了袜子的加入，就立刻变得富有生趣与意味，从裙裾到衣领之间，时时刻刻都在闪现动人的风采。

这就是袜子带给裙子的惊喜，它不仅是一个篡位者，更是一名改革家，在点燃了这场“裙装革命”火炬的同时，颠覆了人们对裙子的认识。

裙子与袜子搭配的原则

袜子的配合，首要任务是找到适合自己的，搭配起来要出位、出色，但是绝对不能出格，这是因为出色、出位的搭配会带给人们无限的想象和冲击，但是出格的搭配只能使自己的形象一落千丈。

搭配原则一："扬长"、"避短"

短裙、长袜的搭配，能使双腿毫无负担地展现出动人光彩；长裙、短袜的搭配，在裙裾飘舞之间隐隐露出的袜子令双足更加诱人。如果袜子是在膝盖之下5厘米左右的位置，那么裙子的长度就应当在膝盖之上5~10厘米的位置，袜口与裙子之间的留白能够将美丽性感的膝盖展露，使之看上去线条感十足。

搭配原则二：冬季搭配

想要在冬天将裙子穿得像夏天那样动人，不是随意搭配就能够做到的。在寒冷的冬季美丽也开始变得"冻人"起来，所以既要将裙子穿得漂亮，又不能冻得形象全无，就只有靠袜子来帮忙。

1. 穿着紧身的裙子（皮裙、粗花呢裙等）时，搭配一条质地柔软的羊毛袜裤在保暖的同时还能修饰腿部的线条。不过袜子的颜色不能与裙子反差太大，以免因为过于突兀而造成臃肿的错觉。

2. 棉麻裙配羊毛袜裤也是一个不错的搭配方式，不过裙子里应当有底衬，以免使裙子与羊毛袜裤摩擦产生静电，沾在腿上。

3. 在肤色的羊毛袜裤外套一双灰黑色的天鹅绒丝袜能够减轻双腿的分量感，还能产生一种若隐若现的感觉。

搭配原则三：颜色和谐

袜子的颜色应当比裙子的颜色浅一些，而浅色的裙子最好不要搭配黑色的袜子。如果袜子的颜色比较鲜艳，可以利用饰品进行调和，如围巾、腰带、丝巾等，起到颜色缓冲的作用。

与彩色袜子巧搭配：让"裙"色更出众

关键词：

鲜艳　阳光

彩色袜子印象：

白袜子，黑裙子，一套纯情的学生装，这已经是老掉牙的穿法，如今是彩色袜子大行其道的年代，有谁还会愿意守着黑白的二色世界呢?

美丽的彩袜就像是一道七彩的虹，每一种色彩都是对"裙"色的折射，反射回来的是五颜六色的心情和五彩斑斓的生活。如果你是一个偏爱白色裙装的女孩，为什么不试着改变一下自己的色彩，也许一双浅蓝色的长袜，就能够将你从寂寞的世界带到一个动感十足的"游乐园"。

搭配方案 ：

方案一：黑色短裙 + 玫瑰红彩袜 + 玫瑰红皮草外套

搭配指南 ：

玫瑰红的皮草外套过于艳丽，而黑色的裙子又有些严肃，因此需要一双浅玫瑰红的长袜作为调和。同时，在手袋上点缀相同的颜色，也能起到色彩分散的效果。

方案二：背带连衣裙 + 红色长袜 + 鱼嘴鞋

搭配指南 ：

如果全身色彩比较单一，可以在饰品上下工夫。同样颜色但质地不同的饰品在调和色彩的同时还能丰富整体的层次感。

搭配Tips

1. 白色的裙子配合任何彩袜都很精彩，如果袜子上有白色的加入，色彩的视觉效果就更加完美了。

2. 纯色的彩袜比带有花朵图案的彩袜更容易搭配裙装，如果你是一个“初学者”，还是不要过早地尝试如此“劲爆”的搭配方式。

3. 如果裙子的线条简洁，就更推崇彩袜的搭配，一些色彩比较浓郁的彩袜能够体现十足的艺术气息。

4. 带有花朵、几何、条纹等图案的裙子与彩袜搭配的难度比较大。如果搭配不好就会造成一身的凌乱，因此还是搭配纯色的彩袜效果会更好一些。

□比起黑色的短裙，玫瑰红的皮草外套就显得艳丽不少，娇艳的色彩与黑色裙子搭配能够衬托出女孩的羞涩，若有所思的表情是对即将到来的幸福的犹豫，不过一双玫瑰红的长袜将秘密全都泄露，在她的身上无时无刻不闪动着幸福的灵光。

□全身只用到了红白两色，却能够演绎出饱满与优雅，从裙子的背带到袜子，看似细碎的色彩点缀实则充满条理。这些色彩在丰富了人们眼球的同时，又以含蓄和低调烘托出白色长裙的典雅。想要再增加一点可爱的感觉，可以搭配一副手套，如珍珠般光泽的手套能够带给人以公主般的气质。

与袜裤、袜套巧搭配：四季裙装的好伴侣

关键词：

温暖　好帮手

袜裤、袜套印象：

刚开始，袜套、袜裤与袜子的作用是相同的，都是为了能够让双腿在冬季保持温暖的状态，可是，同样出于对美丽的追求，服装设计师逐渐在袜套与袜裤上找到了更多的灵感。

不管是毛线袜套、羊绒袜裤还是半透明的袜裤，这个满脸都写着“实用至上”的小东西居然也能成为装扮搭配的好帮手，轻而易举地打造出或帅气、或可爱、或性感、或浪漫的女性情怀。

搭配方案：

方案一：公主裙+白色半透明袜裤

搭配指南：

质地轻盈的连衣裙搭配颜色深或者质地较厚的袜裤就会增加双腿分量，这款轻薄的半透明袜裤就可以保证上身与下身的平衡，不会容易产生头轻脚重的效果。

方案二：金属袜裤+黑白几何短裙

搭配指南：

直筒形的短裙是腰腹丰满女性的最佳伴侣，能够遮掩不完美的曲线，刚刚过臀的长度也能让双腿最大限度地展露，并在袜裤的协助下更显双腿纤长。

□宽松的公主裙“镶着”可爱的圆点撒落在女孩一身，仿佛糖果一般甜美。这个细密的图案并不会使身体显得丰满，反而有不错的收缩效果。如果还想要在夏天中穿得更加清爽，搭配一双半透明的袜裤就能够让你清凉一夏！

□黑白几何图案的裙子摩登而带有未来感，斜条纹的运用更是有瘦身的作用。想要再增添点性感元素，裙子的长度一定要掌握好，刚刚过臀部的长度能够让你性感而不外露，同时再搭配一条金属光泽的袜裤，更能体现年轻的动感。

搭配Tips

1. 裙子的色彩如果比较绚丽，袜裤或者袜套的颜色最好是纯色或者百搭色（黑、灰、咖啡色等）；相反的，如果裙子的色彩比较简单，而且没有过于繁复的图案，那么袜套或者袜裤的色彩就可以“嚣张”一下，酒红色、玫瑰红、藏蓝色、彩色条纹的袜套和袜裤都能让裙装更加时尚。

2. 与袜裤搭配时，裙子的长度宜短不宜长，太长的裙子不仅会遮住袜裤，而且还会降低整体的层次感，使上下线条无法自然衔接，破坏了形象的整体性。

3. 与袜套搭配时，最好选择休闲款式的紧身裙或者牛仔裙，裙子的长度以到膝盖为宜，搭配一双高跟鞋或者靴子会使腿部更加性感修长。

与网眼袜、丝袜巧搭配：穿出极致诱惑

关键词：

性感　成熟　诱惑

丝袜、网眼袜印象：

丝袜与网眼袜一直是成熟女性的最爱，其细腻的质感，朦胧的视感，柔软的触感，成为女人诉说暧昧的最佳代言人。但是，许多女孩却对它“躲之不及”，唯恐沾上一点，就会令自己的脸上起了皱纹。其实，成熟并非一定与年龄挂钩，性感也不是无限度的暴露，有的时候被青春的外衣紧裹下的身体，才是最诱人的果实。

搭配方案：

千鸟格子圆摆裙＋大格网眼袜

搭配指南：

线条简洁的裙子固然显得干净利落，不过这款大裙摆的裙子却能带来奇迹。褶皱的裙摆能够巧妙掩饰赘肉，高腰线的裙腰更能收缩腰部，倍显青春活力。

□飞舞的千鸟格裙子再一次卷起了复古的风潮，同样图案的上衣又与裙子的风格形成了统一感，在舞动的裙摆之下，大格网眼袜能够带来无限的活泼与动感，这是比任何灵丹妙药都管用的“青春泉”。

搭配Tips

1. 彩袜当道，这股彩色的风又吹到丝袜和网眼袜上来了，热爱时尚的女人是不会只固守着黑色，鲜红、明黄、天蓝等，五彩缤纷的颜色会让裹在丝袜中的双腿更加诱人。

2. 深色系的裙子搭配深色系的丝袜，浅色系的裙子搭配浅色系的丝袜，这是最简单也最实用的色彩搭配诀窍。

3. 职业套裙永远与彩色丝袜无缘，不过有了彩色的网眼袜就不同了。彩色的网眼袜不像丝袜那样嚣张，但是却能用色彩更自然地将

搭配Tips

双腿渲染得更富活力。如果再搭配一双同色的高跟鞋，就算是严肃的套裙也能穿出春天的意味。

4. 没有什么裙子能够抵挡丝袜与网眼袜的进攻，就连男孩气十足的牛仔裙在搭配丝袜和网眼袜后也能呈现出娇美动人的气质。不过腿比较短的女性还是不要轻易尝试大格的网眼袜和白色的丝袜，具有膨胀效果的它们会使你的双腿看起来更加粗短。

与条纹袜巧搭配：增加身材的延伸感

关键词：

美腿　拉伸　膨胀

条纹袜印象：

条纹无疑是时尚与流行中最不可或缺的元素，生命力极强的条纹图案从来没有被抛弃在时尚圈之外，而且一直保持着自己鲜明简洁的个性，成为众多设计师所追捧的对象。不要小看这几道条纹，纵横不一的排列能够带给女性如魔法一般神奇的变身效果。如果你对芸芸衣裙束手无策，不妨用一双条纹袜子将自己解救出搭配的“牢房”。

条纹除了经典的黑白两色外，还加入了其他多种颜色，甚至还有强烈的对比色，并在通过不同的方向排列或者粗细不一的组合后，形成了极具浓郁的异域风情的搭配风格。如果你是一个搭配高手，为什么不用条纹袜挑战自己美丽的极限呢？要知道，与美丽的距离，有时候只是裙摆到袜尖短短的十几厘米而已。

搭配方案：

□夸张而反复的褶皱裙，沉稳的黑白两色搭配，全都在灰色长袜的衬托下呈现出古典与现代的风韵，这样的装扮既端庄淑雅又不失活泼，这是OL的最爱。

褶皱A字裙＋灰色竖条纹长袜

搭配指南：

除非是个性装扮，否则对于这种比较正式的裙子，将长袜露在裙摆之外是正式场合着装的大忌，因此袜子的长度最好没过裙摆。

搭配Tips

1. 与条纹袜搭配时，裙子的图案与色彩不宜过于繁复，简单的款式能够突出袜子的时髦感。

2. 条纹棉袜适合与及膝裙搭配，裙子的款式以轻松休闲为主，袜子的长度到膝盖或者膝盖下方2厘米处为宜。

3. 条纹丝袜既可以与休闲裙装搭配，也可以与优雅的裙装或者套装搭配，袜子的长度应当没过裙摆。

4. 竖条纹会使双腿变得修长，而横条纹则有膨胀的效果，尤其是比较宽的浅色横条纹更会让丰满的双腿看起来像柱子一样粗。

5. 条纹袜与裙子搭配时，裙摆的下方最好不要有修饰的图案，例如：碎花、细碎的格子，甚至连同样也是条纹的图案都不要，过于繁复的图案融合在一起会产生上身轻、下身重的错觉。

12 百无禁忌：四季裙装的混搭风尚

在女性所有的衣物中，裙子可能是最受季节限制的，从前，爱美的女孩只能眼巴巴地瞅着日历牌，掰着手指头数日子，在春天还没有来得及溜走的时候，就迫不及待地翻出夏季的衣裳，结果冻得哆哆嗦嗦，不要说使瘦弱的身子骨受了委屈，这哆哆嗦嗦的模样也让原本美丽的裙子失去了原有的效果。

于是，许多女孩不由得发出这样的感慨 ：想去一个一年四季都能穿裙子的地方，俘获自己的“裙下”俘虏。那里没有春夏秋冬之分，一年到头都是温煦的阳光，还有迷人的沙滩和俏丽的海浪。

这种梦想是多么美好，但却不够现实，如果你生在一座季节分明的城市，就注定了要经历寒风与炎热的考验，与其无望地空想，不如行动起来，做一个时尚的搭配达人。

春季裙装混搭 :时尚高贵集一身

当肌肤终于能够尝到阳光的味道时，代表着冬天已经过去，隐藏了一冬的身体也开始蠢蠢欲动，许多女孩已经迫不及待地穿起了裙装，想早点体验“裙裾飘扬”的感觉，可是刚一迈出大门，就被初春这个“乍暖还寒”堵了个正着。

怎么办，究竟是要温度还是要风度？一向心思缜密的女孩子，在这个问题上却被搞得犯了糊涂。其实裙装并非想的那样是个“只要风度不要温度”的装扮，只要选好质地、款式，注意与鞋袜的搭配，保暖性丝毫不比长裤逊色呢。不仅如此，一身合体的混搭裙装还能够扬长避短，彰显出个人独特的品位与个性。

春季裙装：

不爱红妆爱裙装，这就是春季裙装的独立宣言，对于爱美的女性来说，与其用各种颜色将自己的脸蛋涂抹得花花绿绿，还不如将这些色彩都运用到衣裙配饰上，让服装的颜色能够随着季节的变化而体现独特的季节感。

春季的裙装与春天带给人们对春天的感觉一样，应当以清新素雅为主，色彩上则应体现浅中暖色。由于春季的气温仍然很低，裙子除了要坚持暖色调外，面料也应当与夏季相区分。

1. 直来直去的铅笔裙

铅笔裙是春季裙装主打的第一波，它大方简约的风格，干练爽朗的气质，让许多女性都着迷不已。铅笔裙的长度通常在膝盖之上1厘米的地方，因此最适合搭配中长靴。靴口与裙摆之间的留白还能够突出骨感的膝盖，这不失为一个小小的性感细节。除了长度外，铅笔裙的面料也大多采用皮革、羊毛、粗花呢等质地，能够尽心尽力地保护双腿不受寒风侵袭，如果再搭配一件中长款的风衣，真是“风度与温度兼得”。

2. 既瘦腿又保暖的A字裙

在夏天穿着A字裙也许会有些热，不过在春天就不必担心了，尤其是羊毛、花呢等面料的运用，更让A字裙多了一个功能——保暖又贴心，这也体现出A字裙的实用性。

春季的A字裙讲究的是实用性，但这并非是要将美观性抛在一旁，弃之不理。裙子的颜色以素色为主，中间可以穿插格子或者竖条纹图案，只是图案不要过于繁复，以免不能与大衣或者上装搭配。

3. 俏皮可爱的百褶裙百褶裙动感十足的裙摆是女孩子的最爱，能够突出女孩天真可爱、富于幻想的气质，虽然多采用羊绒、纤维织物、粗花呢等较厚的面料，看起来有些沉闷，不过只要在色彩上做一点小文章，就能够弥补这个缺憾。

百褶裙的长度比较短，因此最适合搭配平底长靴。如果担心只穿丝袜会显得靴子比较空旷，而穿羊绒袜又影响双腿的线条感，不妨穿一双毛线长袜。比靴子高出 2 厘米的毛线袜虽然同样比较厚，不过比起细腻的羊绒袜，手工编制的毛线袜多了几分层次感，而且还不会紧紧裹在腿上，穿起来更加舒服。

4. 做事认真的套装裙

对于职业女性，在裙装的选择上就有了那么一点局限性，套装裙似乎成了上班的唯一装束，在款式、长度以及颜色等方面都没有太大的选择余地，因此想要穿出新花样，也只能在面料上做做文章。套装裙是裙子与上衣的组合，面料绝对不可以过于粗糙，否则再漂亮的裙子穿在身上看上去也臃肿不堪；如果天气寒冷，可在上衣外加一件保暖性较好的长大衣，大衣的质地不宜太厚，“点到为止”。

在其他配饰方面，套装裙不宜与靴子搭配，鞋的款式也越简单越好，颜色也应当与整体形成统一的风格。

搭配方案 ：

方案一：印花散摆褶裙 + 墨绿色小西服 + 藏蓝色弹力袜裤

清爽的印花裙是春天的象征，裙子的质地以蓬松为佳，颜色则应当干净纯洁，搭配一件墨绿色的小西服就显得格外精神。小西服刚好到达腰部，短款设计能使身体看起来更加修长，再加上一双塑形性较高的弹力袜裤更能起到双重“修身”的效果。

方案二：宝蓝色百褶短裙 + 白色高领针织衫

宝蓝色的百褶裙与纯白色针织衫的搭配不但优雅大方，而且非常适合春季。针织衫的长度最好刚到臀部，这样使腰身更加玲珑有致。同时，裙子的褶皱应当稍微蓬松一些，可以使臀部更加挺翘，很有女人味。

方案三：棉布吊带裙 + 棉 T 恤 + 袜裤

口黑色是最不用“操心”的选择，不过也很容易显得沉闷阴晦，可有俏皮可爱图案的黑色裙子就不一样，它能够充分显露出女孩热情开朗的性格。此外，将棉 T 恤内穿的搭配方式，又为整体形象增添了一点小性感，从而轻松打造出一个百变的多面女郎！

春季搭配
Tips

1. 想要离夏天更近一些，印花图案是万不可少的，色彩的运用不一定要夸张，但应当将图案重点突出，以便中和面料的“沉重”性。

2. 高贵华丽的面料是春季裙装的一大特点，尤其是对于套装裙来说，华丽的面料更能衬托出女性优雅的气质，不过应当注意细节的点缀，以免使裙装看起来“华而不实”。

3. 柔软舒适的针织面料是春季的代表之一，透气的质地和贴身的触感也成为春季裙装的一大特色。无论是什么款式的针织衫，只要与裙子搭配就能穿得出彩，再搭配腰带或者彩色裤袜就会显得非常耐看。

4. 长袜、靴子是春天裙装搭配的重要元素，不过质地不宜太厚，毕竟春天不似冬天那样寒冷，一切还是以轻巧灵便为主。

5. 棉 T 恤、毛衣、外套、风衣是裙装搭配的关键所在，长度应当随着裙子的长短而有所区分。一般而言短款外套配长裙，长风衣配中短裙，以只留下一道窄窄的裙边为宜。

夏季裙装混搭 :演绎魅力主旋律

夏季是一个灵动的季节，“乍暖还寒”的春季已经过去，时尚轮回，追求美丽的女性也开始穿上靓丽的裙装。可是打开衣橱，满满的一柜子衣服，竟然不知道穿什么好。是继续添置最新流行的裙子，还是索性牛仔 T 恤随便搭配呢，这让不少女孩子犯了愁。

其实，根本不需要再花钱去购置新的裙装，最厉害的时尚达人并不一定拥有很多衣服，因为她们懂得，将相同的裙子穿出百变的效果才是裙装的最高境界。对于不喜欢逛街的女孩来说，学会搭配技巧也很重要，不用再辛苦去逛街就能得到同别人一样的美丽，这是何乐而不为的事情呢？

夏季裙装：

没有哪一个季节的色彩比夏季更加灿烂缤纷了，就连阳光也比平日多了几许热烈之情,不过这也让裸露在太阳下的肌肤有了“晒黑、晒红”的危险。夏季肌肤裸露较多，所以在裙子的选择上应以不吸热不吸光的为主，容易出汗的女孩还应当选择透气性和吸汗功能较好的裙装。

1. 百无禁忌的牛仔裙

牛仔短裙是夏日展示美腿的一个最好舞

台，无论是洗旧、抽边、扎染还是磨砂的质感都能满足多种风格的搭配需求，还能令臀部更加挺翘，显示出美好的臀形。夏天穿的牛仔裙不宜过长，短款的牛仔裙能够使双腿不受拘束，行动起来也更加灵活。

2. 大方舒适的宽摆棉布裙

宽松、舒适是宽摆裙在夏季最受欢迎的原因之一，它大方清爽的感觉触动了无数女孩的心。宽摆裙的长度通常在膝盖处或者膝盖下1厘米的部位，但不能刚刚卡在小腿肚，以免小腿看起来格外粗，并将腿型的缺憾放大。

3. 突出美丽的针织裙

如果说针织衫是春天的产物，那么针织裙就是夏季的代表，这种垂感、弹力以及透气性良好的面料具有较高的贴身度，不仅能够完美地贴合身材的曲线，而且透气性较好，穿起来极舒适，还能够帮助身体上的汗水充分挥发，从而避免了粘腻腻、湿滑滑的不适感。

由于针织裙是高弹力的，所以短款的设计更能突出它的优势；裙子上不必有过多的图案，有的时候素色或者纯色的针织裙子更能强调出身体的线条美。

4. 柔情似水的雪纺连衣裙

将单件雪纺裙与衬衫搭配，固然能够搭出新花样，不过想要将柔软舒适的感觉“一穿到底”、“贯穿全身”，还是选择一件连体的雪纺裙更为适宜。

雪纺裙的花色通常比较鲜艳，不过它细腻的质感反而能中和色彩的刺眼。此外，雪纺裙轻柔飘逸，在修身的同时还能避免紧贴在身体上，尤其是A字雪纺娃娃裙，它能够将腰线提高到胸部，并加大下摆的宽度，使轻柔的裙摆随风飘扬，可以很好地遮盖腰腹部的赘肉，对宽宽的肩膀也有不错的收缩效果。

夏季搭配 Tips

1. 印花图案是夏天绝对不能遗忘的元素，无论是艳丽的花卉还是抽象的几何都能够在夏天大行其道，张扬魅力。想要穿山精彩又能避开零乱感，不妨先从小面积的花色开始。比如一双彩条纹袜子，将印花裙子与素色或者纯色的上装搭配，都能够达到平衡的效果。

2. 由于夏天的裙装本身就非常耀眼，所以除了必需的装饰物外，其他首饰、配饰还是不戴为妙，以免双方发生“冲突”，造成主次不分、重点不突出，反而落得个两手空空，一无所有。

搭配方案 ：

方案一：碎花裙子 + 白色衬衫 + 黑色弹力腰带

碎花短裙颇具抽象绚丽的风格，搭配白色衬衫能展示出清纯的少女风情。裙子的面料宜选择雪纺纱，这样能够让女性多几分灵动飘逸的感觉。为了使腰身更加明显，最好在腰间系一条宽宽的弹力腰带，不管裙摆如何随风飘起，上身也能保持利落的线条，走在街头绝对是众人倾慕的对象。

方案二：无袖黑色连衣裙 + 酒红色高跟鞋 + 金色宽腰带 A1185

方案三：斜条纹棉布宽摆裙 + 短袖 T 恤 + 牛仔小马甲 + 平底帆布鞋

斜条纹的裙子具有极佳的修身功能，即使是宽松的款式也能够在视觉上产生纵向拉伸的效应，牛仔马甲宜选择 V 字形衣襟以及短小的款式，可以突出马甲的收腰的作用。将二者搭配在一起可谓是相得益彰，即使只穿一双平底的帆布鞋也能舞出动人身姿。

□黑色的连衣裙是很有挑战性的，配饰的颜色搭配就十分关键，过亮或者过暗都会影响到整体效果。金色与酒红色是黑色的最佳伴侣，酒红色的高跟鞋衬托出裙装华丽而低调的风格，而金色的腰带与饰品则突出了裙装的典雅，带来一种大气的知性美。

秋季裙装混搭 ：提升美丽俏搭配

走在街头，当你感觉到阵阵秋意，成片成片的落叶预示着夏季已经远离人们时，不要以为美丽就此终结，对于“裙装狂”来说，这只是美丽的一个新开始。

经历过夏日的绚丽后，裙装开始褪去了热情的外衣，重新披上了一条优雅的围巾，在凉意阵阵的秋天演绎着金色的浪漫曲。这支圆舞曲曲调轻松但不失悠扬，节奏轻快又充满热情，让许多女孩都情不自禁地乘着秋风舞动裙裾，将优雅与慵懒抛向爱慕的人群。

如果你也曾经幻想从他身边翩然而过，也曾梦想与他携手走过秋日街头，何不换上一条翩翩长裙随风起舞，任秋风吹起，裙角飘扬。

秋季裙装：

与夏日的绚烂相比，秋天更显得沉稳，富有内涵，因此“低调”是更值得玩味的。秋天的色彩丰富但不失浑厚，看似暗哑的面料实际上柔和内敛，层叠起伏的皱褶、暗香浮动的纹路、剪裁别致的轮廓，组成了秋日裙装的独特魅力，诉说着低调女子的优雅“裙”事。

1. 婉约的哥特式长裙

高领口、长袖、长裙的款式是秋季的最

佳单品，尤其是绸缎、蕾丝、纱等元素的运用使长裙更具有神秘、高贵与反叛的气质。哥特式长裙通常在小腿肚下方、脚踝上方之间，可以搭配在脚踝之上的靴子，也可以搭配高跟鞋，应当注意鞋跟不易过低，否则就穿不出哥特式长裙的风度。如果感觉有些凉爽，不妨再披一件网状的小披肩，在举手投足间能够撩起另一番情思。

2. 纤弱与粗犷的牛仔裙

与夏季牛仔短裙的活泼不同，秋天的牛仔裙充满了婉约之美，选用粗犷的牛仔裙能够表现低调而又纤弱的女子，不失为一种另类的体验。在秋天穿牛仔裙，强调的仍然是身体的曲线美，首先应选用收身的上衣尽量突出上半身的线条，再配上一条刚好到膝盖的带有褶皱裙摆的牛仔裙，这样可以露出小腿修长的线条，并能给袜子、靴子留下足够的空间，避免裙子太过于“饱满”而显得下身臃肿不堪。

3. 迷离的褶裙

秋季的凉风没有春季那么刺骨，因此同样是褶裙，在秋天更强调它的款式与垂感。多变的褶裙能够满足女性对裙装的所有要求，一件收放自如的开身针织衫是具有田园风格褶裙的最佳搭档，宽松的针织衫能够“容纳”不同的衬衫，与裙子搭配既保暖又美观。

搭配方案：

方案一：黑色宽褶裙＋深蓝色长款针织衫＋长靴

方案二：灰白杂色连身牛仔裙＋黑色紧腿裤＋短靴

灰色牛仔裙散发着秋日的怀旧气息，最适合搭配黑色的紧腿裤和尖头短靴，能够散发出复古的气息。虽然整体形象的色调有些平淡，不过如果能拎一个带金属链的亮皮手袋就可以提亮整体形象，让你成为秋日街头的最亮点。

方案三：墨绿色长褶裙＋象牙色衬衫＋黑色软皮小夹克

剪裁合身的墨绿色长褶裙呈现出独特的韵味，褶裙的裙摆一定要微微张开，这样才能展现出女性玲珑有致的线条。外面可以搭配一件帅气的软皮小夹克和衬衫，记得要露出衬衫的衣襟，这种随意的打扮显得时尚又摩登，使优雅与性感同时在你身上体现。

秋季搭配 Tips

1. 如果不想在颜色上出差错，黑色就是秋天裙装搭配的最好选择，可是过于沉闷的黑色并不适合秋天的格调，所以不妨选择具有暗花图案的面料，这样看起来既素雅又具有个性。

2. 低调并不意味着平凡，在低调中显示自己的与众不同，这是秋天的裙装宣言，用暗雅的色调衬托高调的金属色系，能够在闪烁的裙色下增加一丝华丽的效果。

长款的针织衫走的是优雅路线，只露出窄窄的一道裙边作为性感元素的补充，这种搭配能拉长下身，也是短裙与长衫搭配的不二法宝。同时，黑色的长靴和袜裤延续了裙子的线条，将一双美腿尽情展露。

3. 皮草是活跃在秋天的重点修饰，不过在寒意未至的季节里大面积的皮草运用并不合适，只在裙子的局部，例如领口、袖口或者裙摆处用皮草点缀，能起到很好的效果。

4. 随着天气的转凉，一些配饰，如袜子、围巾、皮靴、帽子也逐渐加入了秋装的队伍，在选择裙子时，应当将这些配饰也考虑进去，尤其是搭配袜子时，应当留意裙子底衬的材质，以免出现吸腿和静电的尴尬问题。

5. 低调与中性的风格也十分贴切，在搭配的时候加入一些中性化的细节，例如小马甲、线条硬朗的小西服、手工编织的毛线围巾，帅气中又透着柔弱，更能反衬女性的美。

冬季裙装混搭：街头流行新宠儿

这是一个最令裙装美女发愁的季节，寒冷的冬天不仅限制了人们的活动，还限制了美丽的延伸，“好想做一只冬眠的小熊，只需要呼呼大睡就可以渡过难熬的冬天”，不甘被裤装“束缚”的女人在面对心爱的裙子时不由得发出这样的感慨。

可是，怎样才能不用从风度与温度中做二选一的课题，怎样才能“鱼与熊掌兼得”，难道到最后只向冬天投降，成为裤装的“俘虏”不成？

答案当然是否定的，聪明的女人从来不会用这种小事情来烦自己，在她们看来，春季有春季的穿法，夏季有夏季的规则，而冬天也有与众不同的混搭风格，只要善于思考，多用技巧，就能够 120% 地开发你的衣橱！

冬季裙装：

冬季的裙装仍然以保暖为主，羊绒裙、粗花呢裙以及其他面料厚实的裙子，在带给你温度的同时，还能使你风度更加优雅。

1. 温暖如家的毛线裙

毛线裙既拙朴又温暖，虽然比起雪纺、纱质、绸缎等面料少了一份时尚感，但能给寒冷的冬天带来无限的暖意。毛线裙的长度通常在膝盖上下，搭配中靴或者长靴能够使双腿更加温暖，在毛线裙外还可以披一件羊绒大衣或者其他毛料大衣，大衣的长度应当长过毛线裙，或者在毛线裙摆上方 2 厘米处。

2. 优雅素丽的毛料裙

毛料裙以其柔软的质感和厚实的面料在冬天大行其道，尤其是到膝盖的长度更能最大限度地将温暖放在第一位。它们独具个性，却又温婉如水，不管搭配什么都美妙绝伦。如果将裙装的腰线部分露在外边，看起来更是率性十足，非常干练。

3. 风情万种的波西米亚裙

俏皮、时尚的波西米亚裙是女性在冬季显露个性气质的关键元素之一，冬季款式的波西米亚裙多采用羊毛或各种纤维织物面料，能够更好的保持双腿的温暖度。此外，裙子上长短不一的流苏或不规则的剪裁，也成为波西米亚裙大受欢迎的原因之一。在搭配时，一件款式简单的外衣能够突出裙子的异域风情，再配以一双带流苏的靴子，真是美丽风情无人能挡！

4. “修身养性”的 A 字裙

A 字裙是最能“修身养性”的裙装了，它的适应范围比较大，一般体型的女性都适合穿着，尤其是下身比较肥胖而又喜欢在冬天穿裙装的女性，即使穿上一双厚厚的羊绒袜，也不会使下身显得更加丰腴，反而能够掩饰下半身不理想的身材。

搭配方案：

方案一：波西米亚长裙 + 白色大衣 + 天鹅绒袜

热情的波西米亚风情不会被严寒阻挡，虽然裙子看似轻薄，不过搭配一件白色的大衣就能多些暖意。裙子的裙摆最好刚刚露出衣摆，露出纤细的脚踝，再穿一双黑色的天鹅绒袜，就能让双腿在保守的同时演绎着另类的性感。

方案二：黑色毛料 A 字裙 + 毛领外套

方案三：灰色毛线裙 + 墨绿色大衣 + 褶皱中靴

灰色的毛线裙如果采用大面积的镂空图案，就能够减少毛线裙的沉重感，使身体更加轻盈活泼；而裙子的衣领最好采用夸张的下垂圆领，可以使细嫩的脖颈隐隐露出，让你俏皮中带点性感。如果你有一双美腿，不妨将裙子的长度稍稍缩短，再搭配一件墨绿色大衣和一双褶皱中靴，让你在冬季变得与众不同。

都说皮草是奢华的象征，很容易穿出俗感，但在时尚的女性看来这些问题都很容易解决。一件翻毛领的麻质外套能够压住皮草的奢华，又赋予其质朴的气质，再配以一件黑色的 A 字裙，更加丰富了服饰的内涵。以这身装扮走在街头，能够为苍白的冬天增添几许暖意。

冬季搭配Tips

1. 羊绒袜、天鹅绒袜、毛线袜是冬天裙装的好搭档，不过并不是所有的裙子都能与厚实的袜子合拍，连衣裙如果搭配一双羊绒袜就会使整体的优美曲线受到影响。

2. 由于冬季穿得比较多，身材娇小的女孩子尽量不要尝试长及脚踝的裙子，在厚重的衣服下，过长的裙子会使女性显得更加矮小。

3. 如果不想让双腿被袜子束缚，一双长靴也能够起到保暖的作用，在搭配靴子时除非腿型不够完美，否则最好选择紧腿的直筒靴或者雪地靴，以减少腿部与靴子之间的空间，从而起到保暖的效果。

4. 一件皮草小背心能够让冬季不再难熬，尤其是穿着吊带裙出席各种宴会、聚会的时候，搭配一款皮草小背心能保暖又合潮流，绝对能够成为晚会的焦点。

13 从容应对：不同场合的裙装搭配

不是明星，却能穿出明星的风采；不是淑女，却能展现优雅的气质；不是辣妹，却能时时刻刻展现火辣热情的一面。有了裙子的映衬，谁都能够成为一个百变女郎，在时尚的舞台上演绎动人的万种风情。不过有一首歌唱得好，“要在对的地方爱对的人”，穿衣打扮也是如此，在不同的场所选择各式的裙装，才能够穿出得心应手的美丽，要知道百变裙装的魅力就体现在这里！

浪漫约会 ：今天我最美

美丽宣言 ：

可爱至上，幸福无边。

恋爱中的女人希望能够将自己最美的一面展现给最爱的人，要让他在每一次约会时都会出现惊喜，要让他眼中就只有自己，这不仅是热恋中女人的独占欲，更是女人独有的骄傲与矜持，即使平时只是一身 T 恤加牛仔裤打扮，在约会那天也要将衣橱翻个底朝天，不到最后一刻决不出门。

搭配方案 ：

方案一：白色及膝纱裙 + 黄色褶皱公主衫

白色的纱裙与黄色的褶皱公主衫搭配，虽然只有两种颜色，却能够通过对比产生不一样的效果。如果你是一个娴静的女性，不妨选择这一套装束，它会让你在约会中大受欢迎。

搭配指南 ：

褶皱和花边是营造浪漫氛围的重要元素，搭配在明快鲜亮色彩的裙装上更加诱人。一副银质的手镯也可以成为浪漫的装饰，还能散发出优雅的气息。

□海蓝色的连衣裙轻轻摇曳，褶皱的裙摆也随之起伏，引得白色针织衫也要“随波逐流”。虽然是一幅静态的画面，却充满了韵律的波动，即使只是用手指拨动头发，也能带出说不尽的妩媚与羞涩。

方案二：蓝色连衣裙 + 白色针织长外套

搭配指南 ：

个子较矮的女孩不要穿在下摆处绣有图案的裙子，这样会增加下身的重量感，使双腿看起来更加短粗。此外，如果担心宽松的连衣裙会将身材埋没，不妨用一条腰带来勾勒腰身。

方案三：米黄色花朵公主裙 + 红白条纹上衣

T 恤 + 短裙的装扮很难抓住恋人的眼睛，如果不想更换其他款式，那就只能在细节上做文章。在短裙上增加蓬松的褶皱元素，能够遮住粗粗的大腿；在上衣上增加横条纹的图案，可以遮掩不够丰满的胸部，想要吸引恋人的眼球，还可以搭配一个可爱的发型，能够起到事半功倍的作用。

搭配指南 ：

红白条纹的图案已经非常显眼了，因此裙子的颜色最好以素色或者单色为主，并且一定要能中和上衣的色彩，否则看起来就会比较凌乱。

外出春游 ：五月俏佳人

美丽宣言：

舒适为主　美丽第一

裙装永远是女人顶礼膜拜的奇妙“珍品”，对裙装的依恋也随着年龄的增加而不断加深，不论什么时候、在什么地方，一件贴心的裙装能够让身体更加惬意。如果你的心已经“蠢蠢欲动”，那就在阳光灿烂的五月里，不要再用牛仔裤、T 恤衫束缚自己，优雅的裙装能够将休闲风格同样穿得很出色！

搭配方案 ：

方案一：紫灰色背带裙 + 金黄色 T 恤 + 红色坡跟凉鞋

搭配指南 ：

T 恤和背带裙的搭配，有时中规中矩，有时却不按常理出牌，这正是女孩多变心思的体现。在这套装扮中，除了 T 恤和背带裙外，还可以再配一条紧腿牛仔裤，能将普通的裙装升级为流行的长款上装。

方案二：浅蓝色短裙 + 深灰色 T 恤 + 乳白色针织马甲

想要将单调的短裙 + T 恤穿出独特的魅力？叠穿搭配能够满足你小小的心愿。将短裙、针织马甲与灰色 T 恤叠穿，能使颜色更加丰富，不同面料的累叠还能让形象更加富有立体感，让人穿出轻松好心情。

搭配指南 ：

叠穿并不是将所有的衣服一股脑地套在身上，而是应当有主有次，并且有先来后到之分。一身完美的混搭，能够带来单品裙装无法产生的美感。

□俏皮的背带裙和阳光的 T 恤衫原本是一个老生常谈的组合，可是在颜色的运用上却制造出了新花样。紫灰色使背带裙显得沉稳，长至腰间的背带又将 T 恤的大片金黄露出，形成强烈的色彩对比。此外，裙子上的浅紫色条纹还能将身线拉长，再配以一双红色的坡跟凉鞋，可以为整体效果增加不少印象分。

□裙子上的格子和皱褶的设计，带来了久违的田园气息，还未出门就能嗅到青草的香气；针织面料的上衣以其特有的自然纯朴质地，令人身心舒畅；包在头上的围巾不仅可以防止微风将头发吹乱，同时也是一道不可或缺的点缀，在度假中自然不能错过。

方案三：乳白色针织外套+蓝紫色格子褶裙+鱼嘴鞋

搭配指南：

针织外套、手袋和充满宫廷感的上衣不仅穿着方便，与其他外套混搭时也比较好搭配，而且非常贴合，不会出现臃肿或者不平的情况。

□即使是严肃的办公室也需要一点活力，刚踏入社会的新鲜人如果不能将职业装穿出效果，不如选择更适合自己的服饰。以米黄色为底色的圆摆裙素雅温和，配以红色的花朵图案显得娇嫩但不娇贵，长度刚刚好的裙子又将优雅的小腿露出，活泼又不失端庄。

职场纵横：OL女性的扮靓秘诀

美丽宣言：

打造职场时尚风

不要将套装作为上班的唯一装束，要知道各式各样的裙子之所以如此流行，就是为了要让女人随时随地展现自己的美丽。在公司庆典或者员工派对上打扮得入时得体，是赢得众人好感的大好时机；在会谈或者工作时打扮得干练简洁，是赢得他人信任的守则。不仅如此，一身优雅得体的裙装还能提升女性的亲切指数,拉近与他人的距离,沟通起来也会更加顺利。

搭配方案：

方案一：黑色职业套裙+高领无扣衬衫

黑色的职业套裙以其简洁的线条为女性塑造了雷厉风行的形象，为了削弱这种印象，选择一件色彩和线条皆温和的衬衫是必不可少的。一件白色的高领无扣衬衫能够缓和黑色职业套裙的“视觉冲撞感”，并能为这套装束增加一点活泼。

搭配指南：

职业套裙的颜色不宜太显眼，裙子长度也不应过短，否则就会给人以不稳重的感觉。同样不要因为怕热而穿短款丝袜，这样的打扮在工作场所是非常不雅的。

方案二：印花圆摆裙+白色圆领衫+红色针织外衣

搭配指南：

如果作为上班常备装的裙子是带有花色图案的，上衣和外套尽量采用纯色的，颜色可以鲜艳一些，但一定要有白色进行过渡，以免过于刺目而显得不够柔和。

方案三：粉红色连衣裙+复古高跟鞋+白色腰带

复古的连衣裙搭配高跟鞋显得有些老气，为了弥补这个遗憾可以从色彩上进行调节，例如粉红色就可以削弱裙子的老气感，并且使人显得格外自信。此外，为了能使腰身更加明显，还可以系一条白色的腰带，腰带还能使裙装的线条显得更加利落整洁。

搭配指南：

为了避免与职场风格不符，配饰越少越好，通常只要一个白色的大手提包就可以了。建议再搭配一顶窄檐帽，在下班的时候戴着逛街，又能摇身变成时髦的街头女郎。

逛街购物：街头演绎别样风情

美丽宣言：

轻松写意，享受午后的阳光。

在悠闲的假期里，喜欢一觉睡到12点，直到太阳晒到屁股后，才不甘心地爬起来，在洗洗漱漱后仍然慵懒地趴在床上，望着碧蓝的天空发着小小的呆。如此美丽的假日，只蜷在家里不会太浪费了吗？赶快打开窗户，让阳光和清风将思绪吹醒，然后换上一件美丽的裙子，走出家门，在假日的午后寻找罗马公主的影姿。

搭配方案：

方案一：白色长裙＋浅紫色长背心

在逛街的时候不宜选择过于复杂的服饰，一件白色的长裙和浅紫色的背心就足够了。为了能够让双腿更加放松，裙子宜选择宽宽的褶皱，宽松的裙子还能衬托出上身的玲珑曲线。此外，背心上最好加一些图案，哪怕是几道红色的线条也能制造出不同的搭配效果。

搭配指南：

不管装扮多么简单，所搭配的背心应当有收紧腰部的造型，这样才能使整体感觉明快紧凑。

方案二：灰色雪纺背带裙＋编织围巾

逛街累了，喝个下午茶吧，休闲却又精心的打扮充满了午后浪漫的味道。如果你是一个热爱雪纺的女性，那么就不可错过这身装扮。灰色的雪纺裙虽然略显平淡，不过多层次的款式可以增加裙装的立体感，露肩的设计也让你多了一点小小的性感。再搭配几条手工编织的细围巾还能将张扬的性感稍稍遮掩住，让你在浪漫的午后，身着浪漫的服饰，说不定还会有一次浪漫的邂逅哦！

搭配指南：

找到一种适合自己的幸运色，从头穿到脚，会让身形显得更修长。将不同的服饰混搭也能产生相同效果，不过混搭的风格在有对比的同时，还要彼此融合，以便给人留下和谐深刻的印象。

方案三：土黄色花边连衣裙＋白色几何形马甲

搭配指南：

如果裙子的颜色不太好搭配，不妨在其他服饰上做文章。作为衬托的服饰，款式简约是关键，这样才能将颜色穿出和谐感。

□本来是一条可爱的皱褶花边连衣裙，搭配一件白色马甲就让这条裙子立刻大不同。斜线型的马甲“画出”一个“梯形”图案，收缩腰线的同时又增添了一份率性，再配上一顶机车帽和机车包，真是帅气得不得了。

聚会派对 ：做个派对精灵

美丽宣言：

摇曳身姿　动人笑容

不是明星，也没有红地毯，可是一件出众的裙装就能够让你成为瞩目的焦点，手中拿着高脚杯，嘴角流露出淡淡的笑意，酒光与灯光融合于一体，将面容映照得格外动人。这是属于你一个人的派对，再多的赞美也都是为你一人唱响，只因为转身的那一个瞬间，在身体中孕育的美丽悄然绽放。

搭配方案：

方案一：黑白细格圆摆裙＋白色刺绣衫＋帽子＋绿色糖果鞋

宽大的圆摆裙采用了黑白细格图案显得格外别致，再搭配一件白色的刺绣衫又能将别致升级到精致。此外，用帽子和绿色糖果鞋进行细节点缀也是不错的选择，它们会让你如同精灵一般灵气十足。

搭配指南：

如果是在家里举行派对，那么随意而又有设计感的裙装最适合不过。白色是永远流行的颜色，格子图案也经久不衰，如果觉得还是有些平淡，不妨搭配一些夸张的配饰来打破这种常规，一个小拎包没准就能产生特别的效果。

方案二：黑色短裙＋白色薄纱中裙

搭配指南：

参加商务酒会，既不能太隆重，又不能过于随意，一定要穿出典雅和庄重，黑色的礼服是不错的选择，如果觉得过于沉闷，可以用闪亮元素的首饰或者其他配饰来提亮整体效果。

方案三：白色连衣裙＋白色宽腰带

白色的连衣裙采用了无袖的设计，在突出纤细手臂的同时，与略微蓬松的 A 字裙摆一同将丰满的身体巧妙地遮掩。为了使裙子充分发挥塑造体型的作用，最好再搭配一条宽大的金属腰带，腰带在塑造身形的同时还能调和白色的模糊感，即使没有搭配其他闪亮的首饰，也能穿出光芒四射。

搭配指南：

参加家庭聚会，尤其有长辈出席时，裙装的选择就更应当慎重，既不能穿得太性感，也不能显得太稚嫩，那就不妨选择一款白色的连衣裙。白色连衣裙显得既端庄，又不失天真，应对这个场合最适合不过了。宽腰带也是这套裙子的搭配重点，在打破单一白色的同时还能突出腰身的轮廓。

□黑白裙装的混搭走出了另一条时尚路线，将白色的纱裙作为底衬勾勒出窈窕的身姿；黑色的雪纺裙后来者居上，映衬出若隐若现的双腿，在素雅中坚持着自己的一点小性感。